计算机理论与应用技术研究

—— 周 妃■著 ——

中国原子能出版社
China Atomic Energy Press

图书在版编目（CIP）数据

计算机理论与应用技术研究 / 周妃著 . -- 北京 :
中国原子能出版社 , 2022.10
ISBN 978-7-5221-2267-0

Ⅰ . ①计… Ⅱ . ①周… Ⅲ . ①电子计算机－研究
Ⅳ . ① TP3

中国版本图书馆 CIP 数据核字 (2022) 第 206703 号

计算机理论与应用技术研究

出版发行　中国原子能出版社（北京市海淀区阜成路 43 号 100048）
责任编辑　刘东鹏
责任印制　赵　明
印　　刷　北京天恒嘉业印刷有限公司
经　　销　全国新华书店
开　　本　787mm × 1092mm　1/16
印　　张　10.125
字　　数　201 千字
版　　次　2022 年 10 月第 1 版　　2022 年 10 月第 1 次印刷
书　　号　ISBN 978-7-5221-2267-0　　　　定　　价　76.00 元

前　言

改革开放以来，我国的经济得到了飞速发展，人们的生活水平也随之提高很多，其中通信技术在人们的日常生活中也越来越重要。同时通信行业的市场竞争也在不断地加剧，通信企业为了发展，引进了不同类型的管理系统以及管理方法，以期在激烈的市场环境中站稳脚跟。不少通信企业将计算机技术应用于信息管理工作中，不仅充分地满足了公司不同部门之间的需要，还有效地减少了人工工作量，提高了管理效率以及质量。本书以计算机的相关概念为切入点，对计算机技术的发展与现状加以阐述，针对计算机的应用进而展望计算机的发展前景。主要内容包括计算机的概述、计算机理论研究、信息安全技术、计算机新技术、计算机虚拟现实技术、计算机视觉技术、网络安全检测技术以及计算机应用技术研究等，并在此基础上针对计算机网络常见安全问题提出几点解决措施。

本著作在编写的过程中广泛参考了多位专家、学者、同仁的研究成果，借鉴了有关书籍的部分内容，在此致以真诚的谢意。由于编写人员水平所限，加之时间紧迫，书中一定会有不当之处需要修改、完善，衷心希望经济学界同仁以及广大读者提出宝贵意见，以便进一步完善。

目 录

第一章　计算机的概述

第一节　计算机与计算机技术

由于计算机发展迅速，能给人们生活带来很多便利，比如可以通过计算机完成购物等各项金钱交易，但很多人对计算机及计算机技术缺乏基本了解。本节主要介绍了计算机技术的发展历程，分析分布式计算机系统的带动作用与发展以及计算机，最后对计算机技术发展所产生的问题及应对策略做了简要探讨。希望通过对计算机与计算机技术的简单介绍，能使大家对计算机有更深一步的了解，在生活中更好的利用计算机，使计算机更好地造福社会。

计算机作为一个跨时代的发明，自从 1946 年诞生以来，像新生的婴儿一样，不断成长着。几十年来，从图灵到冯诺依曼，一个又一个伟人投身于计算机的研发，推动了其发展。如今，随着计算机技术的进步，计算机已经走进了千家万户，并且通过改变人们处理和计算数据以及交流通信的方式，极大地促进人类社会经济、科技、文化、教育、政治、军事等领域的发展，对人类社会的进步产生不可替代的影响。推动计算机技术教育成为国家教育事业的重要课题，了解计算机以及计算机技术也成了公民的基本科学文化素养。在此，我浅谈计算机与计算机技术，希望能给大家带来帮助与启发，促进祖国计算机事业的发展。

一、计算机技术的发展历程

（一）按计算机总体发展阶段划分

我们把计算机的发展阶段分为三个阶段。第一阶段是电子计算机阶段，这一阶段计算机技术刚刚诞生，硬件技术尚未成熟，计算机体积庞大，运算速度非常慢。第二阶段是微型计算机阶段，比如出现单片机、PC 机。大规模集成电路的应用，计算机体型大幅度缩小，硬件的集成化优势使得电脑的体积急剧下降，同时也达到了降低能耗和售价的目的。第三阶段是互联网计算机阶段，伴随互联网的出现，在计算机网络的推动下，人类进入了信息爆炸时代，更便捷的交流和获取信息成为可能。

（二）按器件发展阶段划分

最初的计算机采用电子管为基本元件，使得计算机体积庞大、耗电量惊人，并且电子管有着不耐耗、寿命短的弱点。1956 年，晶体管出现，迅速取代了电子管，成为主要的电子计算机元件，它反应更灵敏，能耗更小，使得计算机的体积得以缩小。20 世纪 50 年代后期到 60 年代，集成电路的集成优势使计算机的体积进一步减小，引导了计算机的进步。

二、分布式计算机系统的带动作用与发展

我们在进行某些运算和计算时，一台单独的计算机运算能力可能无法满足其要求，譬如某些大型网站内的搜索功能。这个时候我们就考虑到把多台计算机互相连接，通过系统把这些计算机的计算能力和资源形成一个体系，一旦有运算需求，可以调用系统内的所有计算机的运算能力，这就叫作分布式计算系统。这种系统的先进技术，使得计算机技术又得到了进一步的发展。比如说，云计算及其他的一些网络计算项目开始对公众开发，这些技术的发展和应用，使得计算模式逐渐被民众所熟知，在相关技术进一步创新和发展之后，人工智能也得到了较好的发展及应用，当前，由于技术的限制，人工智能技术发展还处于一个较为缓慢的状态，但是随着研究的深入，未来其还存在有较大的发展空间和发展潜力。未来计算机与计算机技术将会以分布式计算系统为核心，将计算机技术嵌入到计算商业化的产业链中，该产业链形成之后，计算机技术的准入门槛将会进一步降低，计算机技术将会进一步促进社会的进步与生产效率，将会日益满足人们的日新月异的需求。从当前计算机技术的发展现状来看，要实现这一目标也并非是一朝一夕能够做好的事情，其对于技术和资金等要求比较高。

三、计算机与计算机技术发展所产生的问题及应对策略

当前，计算机与计算机技术还在不断的发展和创新，但是在其发展过程中也存在有一个极为重要的问题，即目前计算机与计算机技术发展过程中还没有一个模式标准和协议，该问题是计算机技术发展过程中共同的问题，它的出现导致计算机从技术研发进入到市场运用之后，经常会因为提供商的变更，而不得不对相关的技术进行技术二次研发，它会造成极大的浪费了人力和物力资源，不利于计算机技术的创新和发展。针对该问题，我们可以联合政府、高校、企业等几个领域的力量去共同完善相关技术达到某一标准，这不仅可以提高研发速度，还有助于资源的共享，降低了资源的浪费，促进计算机的发展。

其次，在计算机与计算机技术发展过程中，由于多种因素的影响，其还缺少成熟的开发和调试环境，其严重影响了计算机技术研发的进度和效率。针对该问题，在未来计算机技术发展过程中还需要进一步整合资源，加强相关计算机行业之间的沟通和联系，发挥不同行业之间的优势，推动计算机技术的进一步创新和发展。

最后，计算机的形态与构成和计算机技术的发展方向，肯定不是我们现在的固有思维能够定论的，未来的计算机与计算机技术肯定是潜力无限。肯定会创造出更加超前的存储系统，生物主机和光学识别等技术也可能会应用于计算机技术研发领域，但是当前相关领域的精通的计算机人才却比较缺乏，许多计算机技术研发人才所掌握的技术都较为基础，难以真正有效的满足时代发展的需要。在未来还需要加大相关领域人才培养力度，这样才能更好地促进计算机技术的创新和发展，切实满足时代发展需求。

计算机经过了几十年的发展，已经形成了一定的体系，并深深地影响着人类社会。然而，计算机技术的发展并没有到达终点，其本身的技术以及相关的社会制度还需要不断地完善。我相信，在未来，计算机技术一定会继续取得重大突破，向着智能化方向发展，更好地服务于人类社会，使人们的生活更加方便美好。

第二节　计算机技术发展

随着计算机技术的发展和普及，普通群众的日常生活和工作发生了巨大改变，其在我国各行各业中也得到了广泛应用。目前，计算机技术已通过在某些领域的技术性突破体现了其价值，但笔者认为计算机科学技术在未来仍有很广阔的发展空间，只要付出努力，便仍能在此领域获得新的突破。

一、发展现状

（一）普及性、深入发展性

计算机（computer），俗称电脑，在信息社会对人们的日常生活和工作中产生了巨大作用。目前，鉴于计算机所具有的便捷性、高效性等特点，其在我国的应用已经相当广泛，通过网上交易购物影响生活，处理数据图表影响工作，信息考试影响学习等群众生活的各个方面。由于大多数与生活息息相关的方面都会应用到计算机技术，这恰恰说明了计算机技术的现阶段发展具有较强的普及性和深入发展性的特点。

（二）专业性、综合化

计算机具有的系统技术、部件技术、器件技术和组装技术使得其使用范围不断扩大，目前其主流发展方向是智能化，例如通过智能化来实现家用物品的全自动运用，改变用手动操作的传统方式，从根本上改变了人们过去传统的生活方式。与此同时，作为专业性技术，其专业化同样发展迅速。要想不断发展，通过专业化和智能化的结合发展来提高它的综合性，才能实现该目标。

（三）创新性、深入性

计算机技术的处理方式正由信息处理、数据处理转变为知识处理。每一次信息技术爆炸都伴随着计算机技术整体的变革，这体现了其作为智能技术的创新性。为了更加符合时代的要求，在技术发展的带领下，计算机技术正在朝向高速大集成的方向前进，在创新中谋求稳定发展，满足现代社会的要求深入性。

二、主要应用方向

（一）电影制作

计算机技术为电影的蓬勃发展提供了良好契机。通过各软件所制作出的特效、CG等画面为观众带来的现实中无法体验到的视觉效果，为电影业带来更多发展空间。通过对计算机的处理制造出大银幕上震撼人心的角色效果，诞生了诸如特效师等专职通过操作计算机的职业，给了求职者更多应聘机会，从而使电影业能够在不同的环境下实现全面发展。

（二）人工智能

人工智能（Artificial Intelligence），英文缩写为AI，是计算机科学的一个分支，其包含计算机知识、人类心理学和哲学。因为其根本技术来源于计算机技术，使得人工智能在计算机领域内，得到了愈加广泛的重视。其所拥有的自然语言处理，知识表现，智能搜索等功能与计算机技术存在交叉重叠之处，用来研究人工智能的主要物质基础以及能够实现人工智能技术平台的机器也就是计算机。因此，人工智能技术的发展脚步与计算机技术息息相关，而其应用也广泛多样，例如医用机器人和全自动化汽车等产品。随着计算机技术的不断发展，人工智能也会不断创新，最终形成又一大引领科技发展的技术。

（三）其他领域

目前的计算机创新技术已经在很多领域发挥了作用，例如信息多媒体的处理，甚至替代工业电器等。从我国现阶段计算机技术的投入方向来看，教育、商业广告、医疗以及办公自动化是主流。教育方面，网络授课已经被许多城市应用用以提升学生对于知识的兴趣和授课效率；商业广告通过后期计算机技术合成的特技，提升广告的质量；医疗方面通过使用计算机技术来诊治疾病，包括 B 超、CT、超声波技术在内的远程诊断和操作，可以实现对疾病的预防和诊断。另外计算机技术的子技术虚拟现实技术在许多方面的应用同样十分广泛。我国目前的很多工厂生产能够实现自动化，都与计算机技术的使用不可分离。

（四）智能化超级计算机

大数据时代的到来，使信息量再次发生爆炸性增长。过去容量的计算机已经不能满足社会对于信息的需求了，面对如此多的信息，计算机也难免出现错误。这使得更大容量，更加精准的计算机也就是超级计算机的出现成为必然。不仅如此，全新的超级计算机还将拥有更多功能，实现多数据多命令的同时处理。未来的计算机还会具备高级智能，其本身就能像人一般灵活地处理命令，使用起来为人们提供了巨大便利。

（五）新型计算机

为了适应不同情况对计算机的需求，未来的计算机将会拥有不同的专业功能。目前已经出现了纳米计算机、超导计算机等新型计算机，还有光计算机、量子计算机、DNA 计算机等正在被加紧研制。他们将具有前几代计算机不具有的优点：体积更小、传输速度更快、耗电量更少……在半导体、微处理器等技术的应用下，计算机正在飞速创新，未来将会有更多新型号计算机被研发出来和投入使用，并将再次改变人类的生活。

未来计算机技术肯定会沿不同方向发展，但最主要的将会是以下四个方面：

（1）朝运算速度加快的方向更新，而且将会有巨大的突破，运行速度也将会被提升到目前的数倍，计算机同时运算也将会变成现实。

（2）应用变得更加广泛，渗透进各行各业，计算机的普及度也将会得到提升，使越来越多的人能够用上计算机。

（3）升级到更加智能的状态。互联网的广泛应用，使计算机之间能够交流信息数据，而这些数据也将能发挥出促进计算机技术发展的积极作用。

（4）向着人性化发展。未来计算机将能更合理地读取人类的命令信息，结合具体情况做出具体的执行措施，为人们的生活带来便利。

这些方面在未来都将会是计算机技术的重要发展方向。

第三节　计算机应用现状与计算机发展趋势

计算机的发明彻底改变了我们现代人的生活，而且随着计算机在生活中的普及运用使人们的生活工作方式发生了质的飞越，大大地提高了人们的工作效率也方便了人们的生活。当随着技术的不断优化，计算机的发展趋势必然会更好、更广泛。本节就计算机的应用现状和发展趋势进行阐述。

计算机技术的不断创新，让计算机已经基本上走进了千家万户，目前大部分的家庭和企业都在使用计算机。随着计算机技术的不断创新发展以及普及程度的提高，计算机从生活的多个方面改变着人们的生活和工作方式，带来了便捷。

一、计算机应用的现状

计算机对区域发展至关重要，推动着很多行业的不断发展以及科技水平的提升，使其成为现代企业以及各行业发展的重要一部分。而且网络技术越来越发达，也给人们的生活带来了很多的改变，甚至是彻底颠覆了人们的生活乃至社会的发展走向。

（一）计算应用范围日益扩大

现如今计算机对社会各项活动都有着重要的影响，其应用范围也在不断地扩大。从刚开始的军事领域发展到如今社会的各行各业，逐渐建立了规模化的计算机产业，带动社会各行各业的不断发展前行，社会也因此产生了重要的变化。现如今在政治、经济、娱乐、生产、教育等各行各业都离不开计算机的使用。

（二）计算机应用技术显著提升

近年来，计算机对人们生活的深刻影响，使计算机受众用户数量逐渐增多，而且计算机的运用性能和应用领域都得到了进一步拓展，在未来还会有很多新型的产业伴随着计算机技术的成熟得以发展。

（三）计算机应用连锁效应越发显现

计算机目前的应用领域很广泛，形成了信息化、网络化和数据化的现况。计算机的作用已经被社会所认可并且实际地投入各行各业的使用当中。目前很多领域都可以发现计算机的普及，例如，商务办公、网上银行、电子商务、数据处理、生产教学辅助等很多高端领域。计算机的普及导致人们的生活习惯和节奏都发生了变化，改变了很多以往的生活方式，为现代化建设做出了很大的贡献。

二、计算机发展特点及趋势

（一）计算机发展特点

1. 多极化

计算机的不断发展，使得各个行业都需要计算机技术的使用，为了满足各行业的需求，计算机也出现了多种类型，如超大计算机、大型计算机、小型微型计算机。这些计算机在各自的领域都得到了较好的发展，也充分体现出计算机行业的多极化发展特点。

2. 智能化

如今对计算机的研究集中体现在智能化上，希望通过计算机技术来模拟人的思维和行动，从而来改变人的生活方式。

3. 网络化

网络化就是使用现代通信技术来将各地的计算机互联起来，形成一个规模和功能强大的网络结构。目前的计算机网络正在不断优化与升级，也会更加方便用户的使用。

（二）计算机发展趋势

1. 智能化

目前高端领域大数据平台的建立和使用，各种信息融合技术的不断发展，这些都是计算机应用智能化最为直观的表现，可以这样说计算机未来智能化是必然的发展趋势。这种智能化可以从智能机器人上体现出来，这是未来计算机发展的首要方向。目前计算机技术的使用已经有很多的智能机器人出现，但是还存在很多技术上的缺乏，导致智能化不够显著。未来随着计算机技术的不断创新进步，解决智能机器人的问题就不单纯的是技术上的问题，而是道德伦理上的问题，比如让智能机器人拥有和人一样聪明的大脑，理性成熟的判断思维能力和知伦理的能力。

2. 大众化

虽然目前计算机的普及程度已经相当的高，但是成熟的计算机技术是需要每一个人都能够熟练掌握计算机的使用，才能真正改变所有人的生活，发挥计算机技术的价值。为了解决计算机技术在应用上存在的问题，就需要结合自身的特点来开发一些更加实用化简单化的软件，这样就更加容易使用，从而扩大使用的人群。我们日常需要使用的一些软件，可以将其设计得更加简单方便，方便更多的人进行使用。同时，还可以安排专业的人士进行计算机使用的教学工作，开设计算机应用技术专业的学校来培养更多的人才，提高大众对计算机的使用能力，提高社会整体计算机水平。

3. 安全化

目前计算机在使用过程中还存在一些安全隐患，尤其在用户信息的保护上。为了避免用户信息在使用过程中被泄露出去，需要加强计算机的安全性能，提高计算机保护隐私的功能。同时用户在使用计算机时，一定要注意在使用的过程中学会自我分辨信息的真实性和有效性，不能随意暴露自己的信息，带来信息安全隐患。政府也需要加强这方面的管控，需要指派专业人士对网络环境进行管理，制定有效的管理措施和制度，严厉打击网络犯罪行为，切实保护网民的权益不受损害。通过不断完善网络保护系统，在出现问题的时候可以进行有效追踪和处理，保障用户上网安全。

4. 微型化

第一台计算机出现时需要用一个房间才能完全装下，而且即使是十几年前还都是一些笨重的台式机。但是，现如今我们可以随身携带计算机，而且现在的计算机厚度也是非常的薄，非常方便携带，性能更加优越。未来计算机会越来越小，甚至可以将计算机的芯片植入到大脑当中，随时随地的方便使用计算机。智能手机的普及发展，人们越来越喜欢使用手机进行各种生活工作活动。这不仅仅是因为手机方便携带，更是因为其功能和电脑“不相上下”，所以使用的人数在不断壮大，受众范围也越来越广。

依据上述分析，计算机技术对人类的发展起着至关重要的作用。我国计算机技术发展的这几十年，推动着我国各行各业的不断发展，改变了人们的生活习惯和工作方式。

第四节　计算机信息历史研究

计算机是一种能够按照程序自动计算、处理、储存记忆的现代化智能电子设备，作为 20 世纪影响力最大的科技发明之一，计算机对人类生活带来深远变革，带动全球科技进步和产业升级。本节对计算机发展历史进行详细回顾，同时论述计算机在现代社会的应用领域，力图把握计算机的发展阶段和技术创新趋势，以此为基础展望未来计算机发展前景。

一、计算机发展历史回顾

计算机技术的确切诞生时间在 20 世纪 40 年代，美国宾夕法尼亚大学教授 John W.Mauchly 和 J Presper Eckert 共同为美国陆军军械部阿伯丁弹道研究室研制了一台用于弹道轨迹计算的电子数字计算机，它就是全世界第一台真正意义上的计算机“ENIAC”。

“ENIAC”体积庞大，重量超过 30 t，占地超过 170 m²，内部结构包括 18 000 只电子管，7000 只电阻，10 000 只电容，50 万条电线和超过 6000 个开关，据悉其每小时耗电量达 174 kW·h，运行速度为 5000 次 /s，被视为“电脑时代的开端”。以“ENIAC”为代表的计算机属于第一代计算机，其对早期电动计算机技术进行改革后以电子管作为主要元器件，在程序编写上全部采用机器语言，虽然能够有效提高计算速度但不利于操作和修改，同时庞大的体积和复杂的构造对其广泛投入应用带来不便。

20 世纪 50 年代以来全球电子技术进一步发展，晶体管取代电子管成为计算机主要元件，晶体管所需空间明显小于电子管，同时自身构件消耗和耗电量极低，无须预热即可进行使用，运用晶体管的计算机体积更小且性能得到增强。1954 年美国贝尔实验室研制出第一台晶体管计算机“TRADIC”，1955 年美国首次在洲际导弹上使用小型晶体管计算机，1958 年美国 IBM 公司研制出全球第一台全部使用晶体管元件的计算机 RCA501 型。这一时期的计算机称为第二代计算机，其采用快速磁心储存器，每秒能够完成 15 000 次加法运算或 50 000 次乘法运算，还具有使用寿命长，维护保养简单等优势。我国于 1965 年研制出中国第一台大型晶体管计算机“109 乙机”，1967 年研制出技术升级的“109 丙机”，为我国国防科技发展做出重要贡献。

第三代计算机又称集成电路计算机，原本各自独立的电阻、电容、晶体管等元件被组成在一个元件内构成计算机主要功能部件，主储存器为半导体储存器，运算速度提升至几十万次每秒，应用范围扩大至信息管理、数值计算、工作自动化控制、计算机辅助教学（CAI）等。集成电路取代晶体管后计算机的体积进一步缩小，内部元件耗能更小且造价成本更低，为计算机应用融入人们生产和生活领域奠定技术基础。我国在 1973 年至 20 世纪 80 年代初期开始中小规模集成电路计算机研究，1973 年北京大学、北京有线电厂等单位联合研制出运算速度达 100 万次 /s 的大型通用计算机，1974 年清华大学等单位联合设计出 DJS-130 小型计算机和 DJS-140 小型机，在集成电路计算机研制方面开创系列化生产之路。

集成电路技术在 20 世纪 60 年代末和 20 世纪 70 年代初得到迅猛发展，众多元件能够集中在面积极小的硅晶片上形成大规模集成电路和超大规模集成电路，由此推动形成第四代计算机。美国研制的 ILLIAC-IV 计算机是全球首台以大规模集成电路为储存单元和逻辑元件的计算机，标志着计算机设计已经进入第四代阶段，1974 年英国曼彻斯特大学研制的 ICL2900 计算机、1975 年美国阿姆尔公司研制的 470V/6 型计算机、1976 年日本富士通公司研制的 M-190 型计算机是第四代计算机中较有代表性的系列。我国从 20 世纪 80 年代中期开始第四代计算机的研制，主要采用 Z80、X86 和 6502 芯片在微型机领域进行科研，虽然起步时间晚于英美等发达国家，但以后来居上的姿态取得不凡成果。第四代计算机经历过 4 个发展时期，1971—1973 年间以四位微型机和八位微型机为主，1973—1977 年间在 MCS-80 型之外出现 TRS-80 型和 APPLE-II 型，1978—

1983年间十六位微型机得到快速发展，1983年后出现三十二位微型机，计算机的核心性能不断得到优化。这一时期的计算机研制出现两极化的发展趋势，一方面微型机逐渐向个人应用和网络化方向发展，另一方面大型机向专业化、巨型化方向发展，逐渐出现每秒运算量超过一亿次的超级计算机。

1981年日本率先宣布开始研制第五代计算机，所谓第五代计算机指信息采集、处理、储存功能智能化，在处理一般数据以外具有推理、联想、学习和解释等知识处理能力的计算机。在性能提高的基础上其应用范围和涉及技术领域明显扩大，问题推理、知识库管理和智能化人机接口是第五代计算机的三大主要结构，尤其是智能化人机接口能够运用人类习惯的方式进行信息传输和处理，以自然语言作为最高级用户语言的模式使非专业人员也能顺畅操作计算机。不可否认，第五代计算机的研制带动软件产业发展，同时推动光学器件、光纤通信技术等一系列硬件设施的创新，极大地改变了人类生活方式。

目前人类已经进入第六代计算机——生物计算机的研制时代，通过生物工程技术生产的蛋白质分子制造生物芯片，使得信息波在计算机内部的流动方式贴近人体大脑运作方式，从而具有类似于人体大脑的适应力和判断力。1994年美国运用生物计算机原理成功解决虚构的7个城市间最佳道路走向，2000年美国采用最新表面化学技术极大简化了生物计算机的运算程序，为生物计算机真正问世扫清障碍，2004年我国首次在试管中完成DNA计算机雏形研究工作，在实验中将自动机与表面DNA计算相结合，表明我国的生物计算机研究取得重大进展。

二、计算机在当代的应用领域

计算机在不断更新换代中已经由体积庞大、操作复杂的科技产品成为与人们日常生活息息相关的“必需品”，随着社会发展，计算机应用走进千家万户、千行万业，深刻改变了人们的生活、学习和工作方式。数据处理和科学计算是计算机出现以来最基础的应用，从生活层面来看，财务账单录入、人事管理、图书资料管理、商业数据分享、文献检索等工作都需要计算机参与，据统计全球计算机用于数据处理的工作量占总工作量的80%以上；从科研层面来看，小到人们每日需要的天气预报和自然灾害预警，大到航空器、火箭、导弹的设计都离不开计算机的精确计算。自动控制指借助计算机对某一任务实行自动操作，一些高精尖设备企业、石油化工企业和航空航天企业生产线设计复杂，操作难度高且具有一定程度危险，计算机能够按照预设目标和流程进行自动控制，不仅释放人力，减少人力成本，还提高了生产效率和产品质量。

人工智能是近几年较为流行的计算机应用类型，虽然科研仍未完全成熟，但在部分领域的运用情况表明其具有巨大的发展潜力。智能医疗诊断系统、多国语言实时翻译系统、机器人等都属于人工智能范畴，计算机模拟人脑功能而具有“思维”能力，使得计算机能够替代部分人类行为并创造大量优质效益。除此以外，计算机网络、计算机辅助设计、多媒体都是计算机应用领域，人们能够借助多媒体观看高清电影，玩转 VR 游戏，能够利用计算机绘图，制作课件和动画，能够在全球最大的互联网 Internet 上自由浏览信息，选购商品，与远在地球另一边的陌生人互动，也能够通过计算机进行远程学习，参加远程会议，可以说丰富的计算机应用使人们的生活发生天翻地覆的变化，让每个人拥有更多元化的选择空间和更个性的生活方式。

纵观 20 世纪以来全球计算机发展历史，可以看到正是因为一代代有志之士的竭诚努力，计算机技术才得以获得一次次跨越式进步，计算机才能够走进人们生活发挥重大的作用。感悟过去是为了展望未来，回顾计算机发展历史能够为我国计算机科研提供新的灵感和思路。同时也能够为我国的信息化战略提供更好的帮助与支持。

第五节　计算机云计算的数据存储技术

进入 21 世纪以来，由于我国科学技术的快速发展，加上网络时代的进一步到来，使得云计算应运而生。计算机云计算对于当代社会来说发挥着十分重要的意义，并且能够通过云计算的数据存储技术，解决了当前硬盘损坏造成数据丢失，或者是存储空间不够，难以存储所有数据的难题。计算机云计算的数据存储技术促进了当代社会的发展，并且给各行各业的人们带来了较大的便利,对于提高人们生活水平有着重要的促进作用。因此，本节将通过对计算机云计算的数据存储技术进行了解，分析计算机云计算的数据存储技术的优势，旨在为相关人员提供一定的借鉴意义。

一、计算机云计算的数据存储技术

所谓云计算指的是通过网络的形式共享资源。计算机的云计算储存技术主要包括四个层次，存储层、基础管理层、应用接口层以及访问层。存储层就是存储用户的数据基础，管理层是通过管理各种储存设备，能够为用户提供较为优质的服务，应用接口层则是可以进行网络接入、用户认证等功能，访问层则是可以让被授权的用户通过访问层对云计算储存系统进行相应的访问。通过这四个层次的设置，能够有效地促进计算机的云计算储存技术在计算机用户中的使用。云计算的出现，使得计算机用户在使用计算机的过程中更加方便快捷，并且满足了用户存储数据的实际需要，而云计算技术的主要是依靠软件服务技术，网络服务技术以及平台技术三种方式来实现的，通过借助相关的浏览器将应用程序和具体的应用上传至给客户，能够使得客户下载相关软件使用。其次可以通过利用互联网来上传相关资料数据，最后可以通过利用中间商开发相关程序进入应用下载有关数据，通过这三种数据使得目前云计算技术在计算机用户中使用较为广泛。

目前云计算体系能够有效地保证云计算技术顺利在计算机用户中的推广，目前我们应用较为广泛的云计算储存技术，包括 GFS 和 HDFS，很多公司都会利用 HDFS。这两种方式各有各自的特点，GFS 主要适用于大数据的访问，而对于一些小型公司而言，他们只需要利用 HDFS 来进行小范围的访问，通过利用不同的云计算储存技术，能够有效满足个人用户以及公司的实际需要。在目前的计算机存储系统中，部分的存储系统能够有效地实现不同数据之间的传送协议，使得信息能够在不同的平台上实现共享，保障相关用户能够及时交流，并且针对当前整个计算机网络数据库中的程序以及优化问题，必须要求相关人员提高重视程度，定期进行相应的检查，并且针对用户的需求，有效改善当前的配置，不断地提高计算机云计算的数据存储技术在计算机用户中的使用，不断满足用户的实际需要，保障数据存储的安全性，积极提高其运行效率。

二、计算机云计算的数据存储技术优势分析

（一）处理速率快

首先，计算机云计算的数据存储技术处理大数据效率十分快。当前我们利用云计算来处理大数据，能够通过计算机内部的数据处理系统来分析所有收集到的数据，同时能够对所有的数据进行挖掘，不断地完善整个计算机内部处理系统。通过对虚拟空间的应用能够使得云计算在收集数据过程中不断地提高自身的处理速度，有效保障整个计算机系统同时运行，同时能够将所有的数据分割成不同的板块，使得所有数据分析能够同时进行，不断地提高计算的运行效率。

（二）兼容性强

其次，利用云计算来分析大数据能够有效利用其兼容性强的优势，不断地提高分析数据的效率。云计算的应用能够使得计算机大数据处理技术的兼容性不断提高，通过云计算的语句处理能够不断完善整个信息资源，实现对整个计算机系统中的大数据分析系统进行相应的调节与控制，同时利用云计算，能够使得所有的信息资源不断地被调节控制，使得计算机系统中的信息应用范围不断完善，保障数据的完整性和科学性。

（三）数据存储空间性大

最后，计算机云计算的数据存储技术具有较大的数据存储空间，能够满足当前时代发展的需要。利用云计算能够有效地将数据存储在虚拟的空间之内，不断地完善整个资源数据库，利用云计算采取虚拟空间存储技术能够使得计算机系统的大数据处理系统的

综合性应用提供了较大的存储空间，进而能够有效保障整个计算机系统中大数据处理的完整性，合理有效建立数据库，为今后的研究发展提供一定的借鉴。

综上所述，目前计算机云计算的数据存储技术对于计算机用户来说有着十分重要的意义，我们可以有效利用数据存储技术存储我们所需要的资源，并且通过有关平台实现资源共享，保障整个团队能够在短时间内得到有关数据，在传输的过程中，能够有效避免黑客攻击，因此相关人员应该要积极的推动计算机云计算的数据存储技术的应用，积极保障所有用户的信息安全，使得目前计算机用户在使用计算机云计算的数据存储技术存储数据的过程中能够有效规避风险。

第二章　计算机理论研究

第一节　计算机理论中的毕达哥拉斯主义

现代计算机理论源于古希腊毕达哥拉斯主义和柏拉图主义，是毕达哥拉斯数学自然观的产物。计算机结构体现了数学助发现原则。现代计算机模型体现了形式化、抽象性原则。自动机的数学、逻辑理论都是寻求计算机背后的数学核心顽强努力的结果。

现代计算机理论不仅包含计算机的逻辑设计，还包含后来的自动机理论的总体构想与模型（自动机是一种理想的计算模型，即一种理论计算机，通常它不是指一台实际运作的计算机，但是按照自动机模型，可以制造出实际运作的计算机）。现代计算机理论是高度数字化、逻辑化的。如果探究现代计算机理论思想的哲学方法论源泉，我们可以发现，它是源于古希腊毕达哥拉斯主义和柏拉图主义的，是毕达哥拉斯数学自然观的产物，下面我将对此做些探讨。

一、毕达哥拉斯主义的特点

毕达哥拉斯主义是由毕达哥拉斯学派所创导的数学自然观的代名词。数学自然观的基本理念是“数乃万物之本原”。具体地说，毕达哥拉斯主义者认为：“‘数学和谐性’是关于宇宙基本结构的知识的本质核心，在我们周围自然界那种富有意义的秩序中，必须从自然规律的数学核心中寻找它的根源。换句话说，在探索自然定律的过程中，‘数学和谐性’是有力的启发性原则。”

毕达哥拉斯主义的内核是唯有通过数和形才能把握宇宙的本性。毕达哥拉斯的弟子菲洛劳斯说过：“一切可能知道的事物，都具有数，因为没有数而想象或了解任何事物是不可能的。”毕达哥拉斯学派把适合于现象的抽象的数学上的关系，当作事物何以如此的解释，即从自然现象中抽取现象之间和谐的数学关系。“数学和谐性”假说具有重要的方法论意义和价值。因此，“如果和谐的宇宙是由数构成的，那么自然的和谐就是数的和谐，自然的秩序就是数的秩序”。

这种观念令后世科学家不懈地去发现自然现象背后的数量秩序，不仅对自然规律做出定性描述，还做出定量描述，取得了一次次重大的成功。

柏拉图发展了毕达哥拉斯主义的数学自然观。在《蒂迈欧篇》中，柏拉图描述了由几何和谐组成的宇宙图景，他试图表明，科学理论只有建立在数量的几何框架上，才能揭示瞬息万变的现象背后永恒的结构和关系。柏拉图认为自然哲学的首要任务，在于探索隐藏在自然现象背后的可以用数和形来表征的自然规律。

二、现代计算机结构是数学启发性原则的产物

1945 年，题为《关于离散变量自动电子计算机的草案》（EDVAC）的报告具体地介绍了制造电子计算机和程序设计的新思想。1946 年 7 月、8 月间，冯・诺伊曼和赫尔曼・戈德斯汀、亚瑟・勃克斯在 EDVAC 方案的基础上，为普林斯顿大学高级研究所研制 IAS 计算机时，又提出了一个更加完善的设计报告——《电子计算机逻辑设计初探》。以上两份既有理论又有具体设计的文件，首次在世界上掀起了一股“计算机热潮”，它们的综合设计思想标志着现代电子计算机时代的真正开始。

这两份报告确定了现代电子计算机的范式由以下几部分构成：①运算器；②控制器；③存储器；④输入；⑤输出。就计算机逻辑设计上的贡献，第一台计算机 ENIAC 研究小组组织者戈德斯汀曾这样写道：“据我所知，冯・诺伊曼是第一个把计算机的本质理解为是行使逻辑功能，而电路只是辅助设施的人。他不仅是这样理解的，而且详细精确地研究了这两个方面的作用以及相互的影响。”

计算机逻辑结构的提出与冯・诺伊曼把数学和谐性、逻辑简单性看作是一种重要的启发原则是分不开的。在 20 世纪 30—40 年代，申农的信息工程、图灵的理想计算机理论、匈牙利物理学家奥特维对人脑的研究以及麦卡洛克・皮茨的论文《神经活动中思想内在性的逻辑演算》引发了冯・诺伊曼对信息处理理论的兴趣，他关于计算机的逻辑设计的思想深受麦卡洛克和皮茨的启发。

1943 年麦卡洛克—皮茨《神经活动中思想内在性的逻辑演算》一文发表后，他们把数学规则应用于大脑信息过程的研究给冯・诺伊曼留下了深刻的印象。该论文是麦卡洛克在早期对精神粒子研究中发展出来的公理规则，以及皮茨从卡尔纳普的逻辑演算和罗素、怀特海《数学原理》发展出来的逻辑框架，表征了神经网络的一种简单的逻辑演算方法。他们的工作使冯・诺伊曼看到了将人脑信息过程数学定律化的潜在可能。“当麦卡洛克和皮茨继续发展他们的思想时，冯・诺伊曼开始沿着自己的方向独立研究，使他们的思想成为其自动机逻辑理论的基础”。

在《控制与信息严格理论》（Rigorous Theories of Control and Information）一文的开头部分，冯・诺伊曼讨论了麦卡洛克—皮茨《神经活动中思想内在性的逻辑演算》以及图灵在通用计算机上的工作，认为这些想象的机器都是与形式逻辑共存的，也就是说，

自动机所能做的都可以用逻辑语言来描述，反之，所有能用逻辑语言严格描述的也可以由自动机来做。他认为麦卡洛克—皮茨是用一种简单的数学逻辑模型来讨论人的神经系统，而不是局限于神经元真实的生物与化学性质的复杂性。相反，神经元被当作一个“黑箱”，只研究它们输入、输出讯号的数学规则以及神经元网络结合起来进行运算、学习、存储信息、执行其他信息的过程任务。冯·诺伊曼认为麦卡洛克—皮茨运用了数学中公理化方法，是对理想细胞而不是真实的细胞做出研究，前者比后者更简洁，理想细胞具有真实细胞的最本质特征。

在冯·诺伊曼1945年有关EDVAC机的设计方案中，所描述的存储程序计算机便是由麦卡洛克和皮茨设想的“神经元”（neurons）所构成，而不是从真空管、继电器或机械开关等常规元件开始。受麦卡洛克和皮茨理想化神经元逻辑设计的启发，冯·诺伊曼设计了一种理想化的开关延迟元件。这种理想化计算元件的使用有以下两个作用：（1）它能使设计者把计算机的逻辑设计与电路设计分开。在ENIAC的设计中，设计者们也提出过逻辑设计的规则，但是这些规则与电路设计规则相互联系、相互纠结。有了这种理想化的计算元件，设计者就能把计算机的纯逻辑要求（如存储和真值函项的要求）与技术状况（材料和元件的物理局限等）所提出的要求区分开来考虑。（2）理想化计算元件的使用也为自动机理论的建立奠定了基础。理想化元件的设计可以借助数理逻辑的严密手段来实现，能够抽象化、理想化。

冯·诺伊曼的朋友兼合作者乌拉姆也曾这样描述他：“冯·诺伊曼是不同的。他也有几种十分独特的技巧，（很少有人能具有多于2、3种的技巧。）其中包括线性算子的符号操作。他也有一种对逻辑结构和新数学理论的构架、组合超结构的，捉摸不定的‘普遍意义下’的感觉。在很久以后，当他变得对自动机的可能性理论感兴趣时，当他着手研究电子计算机的概念和结构时，这些东西被派了用处。”

三、自动机模型中体现的抽象化原则

现代自动机模型也体现了毕达哥拉斯主义的抽象性原则。在《自动机理论：构造、自繁殖、齐一性》（The Theory of Automata：Construction，Reproduction，Homogenenity，1952—1953）这部著作中，计算机研究者们提出了对自动机的总体设想与模型，一共设想了五种自动机模型：动力模型（kinematic model）、元胞模型（cellular model）、兴奋－阈值－疲劳模型（excitation–threshhold–fatigue）、连续模型（continuous model）和概率模型（probabilistic model）。为了后面的分析，我们先简要地介绍这五个模型。

第一个模型是动力模型。动力模型处理运动、接触、定位、融合、切割、几何动力问题，但不考虑力和能量。动力模型最基本的成分是：储存信息的逻辑（开关）元素与记忆（延迟）元素、提供结构稳定性的梁（girder）、感知环境中物体的感觉元素、使物体运动的动力元素、连接和切割元素。这类自动机有八个组成部分：刺激器官、共生器官（coincidence organ）、抑制器官（inhibitory organ）、刺激生产者、刚性成员（rigid members）、融合器官（fusing organ）、切割器官（cutting organ）、肌肉。其中四个部分用来完成逻辑与信息处理过程：刺激器官接受并传输刺激，它分开接受刺激，即实现“p或q”的真值；共生器官实现“p和q”的真值；抑制器官实现“p和q”的真值；刺激生产者提供刺激源。刚性成员为建构自动机提供刚性框架，它们不传递刺激，可以与同类成员相连接，也可以与非刚性成员相连接，这些连接由融合器官来完成。当这些器官被刺激时，融合器官把它们连接在一起，这些连接可以被切割器官切断。第八个部分是肌肉，用来产生动力。

第二个模型是元胞模型。在该模型中，空间被分解为一个个元胞，每个元胞包含同样的有限自动机。冯·诺伊曼把这些空间称之为“晶体规则”（crystalline regularity）、“晶体媒介”（crystalline medium）、“颗粒结构”（granular structure）以及“元胞结构”（cellular structure）。对于自繁殖（self-reproduction）的元胞结构形式，冯·诺伊曼选择了正方形的元胞无限排列形式。每个元胞拥有29态有限自动机。每个元胞直接与它的四个相邻元胞以延迟一个单位时间交流信息，它们的活动由转换规则来描述（或控制）。29态包含16个传输态（transmission state）、4个合流态（confluent state）、1个非兴奋态、8个感知态。

第三个模型是兴奋－阈值－疲劳模型，它建立在元胞模型的基础上。元胞模型的每个元胞拥有29态，冯·诺伊曼模拟神经元胞拥有疲劳和阈值机制来构造29态自动机，因为疲劳在神经元胞的运作中起了重要的作用。兴奋－阈值－疲劳模型比元胞模型更接近真正的神经系统。一个理想的兴奋－阈值－疲劳神经元胞有指定的开始期及不应期。不应期分为两个部分：绝对不应期和相对不应期。如果一个神经元胞不是疲劳的，当激活输入值等于或超过其临界点时，它将变得兴奋。当神经元胞兴奋时，将发生两种状况：

（1）在一定的延迟后发出输出信号、不应期开始，神经元胞在绝对不应期内不能变得兴奋；

（2）当且仅当激活输入数等于或超过临界点，神经元胞在相对不应期内可以变得兴奋。当兴奋－阈值－疲劳神经元胞变得兴奋时，必须记住不应期的时间长度，用这个信息去阻止输入刺激对自身的平常影响。于是这类神经元胞并用开关、延迟输出、内在记忆以及反馈信号来控制输入讯号，这样的装置实际上就是一台有限自动机。

第四个模型是连续模型。连续模型以离散系统开始，以连续系统继续，先发展自增殖的元胞模型，然后划归为兴奋－阈值－疲劳模型，最后用非线性偏微分方程来描述它。自繁殖的自动机的设计与这些偏微分方程的边际条件相对应。他的连续模型与元胞模型的区别就像模拟计算机与数字计算机的区别一样，模拟计算机是连续系统，而数字计算机是离散系统。

第五个模型是概率模型。研究者们认为自动机在各种态（state）上的转换是概率的而不是决定的。在转换过程有产生错误的概率，发生变异，机器运算的精确性将降低。《概率逻辑与从不可靠元件到可靠组织的综合》一文探讨了概率自动机，探讨了在自动机合成中逻辑错误所起的作用。“对待错误，不是把它当作是额外的、由于误导而产生的事故，而是把它当作思考过程中的一个基本部分，在合成计算机中，它的重要性与对正确的逻辑结构的思考一样重要”。

从以上自动机理论中可以看出，冯·诺伊曼对自动机的研究是从逻辑和统计数学的角度切入，而非心理学和生理学。他既关注自动机构造问题，也关注逻辑问题，始终把心理学、生理学与现代逻辑学相结合，注重理论的形式化与抽象化。《自动机理论：建造、自繁殖、齐一性》开头第一句话就这样写道：“自动机的形式化研究是逻辑学、信息论以及心理学研究的课题。单独从以上某个领域来看都不是完整的。所以要形成正确的自动机理论必须从以上三个学科领域吸收其思想观念。”他对自然自动机和人工自动机运行的研究，都为自动机理论的形式化、抽象化部分提供了经验素材。

冯·诺伊曼在提出动力学模型后，对这个模型并不满意，因为该模型仍然是以具体的原材料的吸收为前提，这使得详细阐明元件的组装规则、自动机与环境之间的相互作用以及机器运动的很多精确的简单规则变得非常困难，这让冯·诺伊曼感到，该模型没有把过程的逻辑形式和过程的物质结构很好地区分开来。作为一个数学家，冯·诺伊曼想要的是完全形式化的抽象理论，他与著名的数学家乌拉姆探讨了这些问题，乌拉姆建议他从元胞的角度来考虑。冯·诺伊曼接受了乌拉姆的建议，于是建立了元胞自动机模型。该模型既简单抽象，又可以进行数学分析，很符合冯·诺伊曼的意愿。

冯·诺伊曼是第一个把注意力从研究计算机、自动机的机械制造转移到逻辑形式上的计算机专家，他用数学和逻辑的方法揭示了生命的本质方面——自繁殖机制。在元胞自动机理论中，他还研究了自繁殖的逻辑，并天才地预见到，自繁殖自动机的逻辑结构在活细胞中也存在，这都体现了毕达哥拉斯主义的数学理性。冯·诺伊曼最先把图灵通用计算机概念扩展到自繁殖自动机，他的元胞自动机模型，把活的有机体设想为自繁殖网络并第一次提出为其建立数学模型，也体现了毕达哥拉斯主义通过数和形来把握事物特征的思想。

四、自动机背后的数学和谐性追求

自动机的研究工作基于古老的毕达哥拉斯主义的信念——追求数学和谐性。冯·诺伊曼在早期的计算机逻辑和程序设计的工作中，就认识到数理逻辑将在新的自动机理论中起着非常重要的作用，即自动机需要恰当的数学理论。他在研究自动机理论时，注意到了数理逻辑与自动机之间的联系。从上面关于自动机理论的介绍中可以看出，他的第一个自增殖模型是离散的，后来又提出了一个连续模型和概率模型。从自动机背后的数学理论中可以看出，讨论重点是从离散数学逐渐转移到连续数学，在讨论了数理逻辑之后，转而讨论了概率逻辑，这都体现了研究者对自动机背后数学和谐性的追求。

在冯·诺伊曼撰写关于自动机理论时，他对数理逻辑与自动机的紧密关系已非常了解。库尔特·哥德尔通过表明逻辑的最基本的概念（如合式公式、公理、推理规则、证明）在本质上是递归的，他把数理逻辑还原为计算理论，认为递归函数是能在图灵机上进行计算的函数，所以可以从自动机的角度来看待数理逻辑。反过来，数理逻辑亦可用于自动机的分析和综合。自动机的逻辑结构能用理想的开关 - 延迟元件来表示，然后翻译成逻辑符号。不过，冯·诺伊曼感觉到，自动机的数学与逻辑的数学在形式特点上是有所不同的。他认为现存的数理逻辑虽然有用，但对于自动机理论来说是不够的。他相信一种新的自动机逻辑理论将兴起，它与概率理论、热力学和信息理论非常类似并有着紧密的联系。

20 世纪 40 年代晚期，冯·诺伊曼在美国加州帕赛迪纳的海克森研讨班上做了一系列演讲，演讲的题目是《自动机的一般逻辑理论》，这些演讲对自动机数学逻辑理论做了探讨。在 1948 年 9 月的专题研讨会上，冯·诺伊曼在宣读《自动机的一般逻辑理论》时说道："请大家原谅我出现在这里，因为我对这次会议的大部分领域来说是外行。甚至在有些经验的领域——自动机的逻辑与结构领域，我的关注也只是在一个方面，数学方面。我将要说的也只限于此。我或许可以给你们一些关于这些问题的数学方法。"

冯·诺伊曼认为在目前还没有真正拥有自动机理论，即恰当的数理逻辑理论，他对自动机的数学与现存的逻辑学做了比较，并提出了自动机新逻辑理论的特点，指出了缺乏恰当数学理论所造成的后果。

（一）自动机数学中使用分析数学方法，而形式逻辑是组合的

自动机数学中使用分析数学方法有方法论上的优点，而形式逻辑是组合的。"搞形式逻辑的人谁都会确认，从技术上讲，形式逻辑是数学上最难驾驭的部分之一。其原因在于，它处理严格的全有或全无概念，它与实数或复数的连续性概念没有什么联系，即与数学分析没有什么联系。而从技术上讲，分析是数学最成功、最精致的部分。因此，形式逻辑由于它的研究方法与数学的最成功部分的方法不同，因而只能成为数学领域的最难的部分，只能是组合的"。

冯·诺伊曼指出，比起过去和现在的形式逻辑（指数理逻辑）来，自动机数学的全有或全无性质很弱。它们组合性极少，分析性却较多。事实上，有大量迹象可使我们相信，这种新的形式逻辑系统（按：包含非经典逻辑的意味）接近于别的学科，这个学科过去与逻辑少有联系。也就是说，具有玻尔兹曼所提出的那种形式的热力学，它在某些方面非常接近于控制和测试信息的理论物理学部分，多半是分析的，而不是组合的。

（二）自动机逻辑理论是概率的，而数理逻辑是确定性的

冯·诺伊曼认为，在自动机理论中，有一个必须要解决好的主要问题，就是如何处理自动机出现故障的概率的问题，该问题是不能用通常的逻辑方法解决的，因为数理逻辑只能进行理想化的开关 - 延迟元件的确定性运算，而没有处理自动机故障的概率的逻辑。因此，在对自动机进行逻辑设计时，仅用数理逻辑是不够的，还必须使用概率逻辑，把概率逻辑作为自动机运算的重要部分。冯·诺伊曼还认为，在研究自动机的功能上，必须注意形式逻辑以前从没有出现的状况。既然自动机逻辑中包含故障出现的概率，那么我们就应该考虑运算量的大小。数理逻辑通常考虑的是，是不是能借助自动机在有穷步骤内完成运算，而不考虑运算量有多大。但是，从自动机出现故障的实际情况来看，运算步骤越多，出故障（或错误）的概率就越大。因此，在计算机的实际应用中，我们必须要关注计算量的大小。在冯·诺伊曼看来，计算量的理论和计算出错的可能性既涉及连续数学，又涉及离散数学。

“就整个现代逻辑而言，唯一重要的是一个结果是否在有限几个基本步骤内得到。而另一方面形式逻辑不关心这些步骤有多少。无论步骤数是大还是小，它不可能在有生的时间内完成，或在我们知道的星球宇宙设定的时间内不能完成，也没什么影响。在处理自动机时，这个状况必须做有意义的修改”。

就一台自动机而言，不仅在有限步骤内要达到特定的结果，而且还要知道这样的步骤需要多少步，这有两个原因：第一，自动机被制造是为了在某些提前安排的区间里达到某些结果；第二，每个单独运算中，采用的元件的大小都有失败的可能性，而不是零概率。在比较长的运算链中，个体失败的概率加起来可以（如果不检测）达到一个单位量级——在这个量级点上它得到的结果完全不可靠。这里涉及的概率水平十分低，而且在一般技术经验领域内排除它也并不是遥不可及。如果一台高速计算机器处理一类运算，必须完成 10^{12} 单个运算，那么可以接受的单个运算错误的概率必须小于 10^{-12}。如果每个单个运算的失败概率是 10^{-8} 量级，当前认为是可接受的，如果是 10^{-9} 就非常好。高速计算机器要求的可靠性更高，但实际可达到的可靠性与上面提及的最低要求相差甚远。

也就是说，自动机的逻辑在两个方面与现有的形式逻辑系统不同：

（1）“推理链”的实际长度，也就是说，要考虑运算的链。

（2）逻辑运算（三段论、合取、析取、否定等在自动机的术语里分别是门[gating]、共存、反 – 共存、中断等行为）必须被看作是容纳低概率错误（功能障碍）而不是零概率错误的过程。

所有这些，重新强调了前面所指的结论：我们需要一个详细的、高度数字化的、更典型、更具有分析性的自动机与信息理论。缺乏自动机逻辑理论是一个限制我们的重要因素。如果我们没有先进而且恰当的自动机和信息理论，我们就不可能建造出比我们现

在熟知的自动机具有更高复杂性的机器，就不太可能产生更具有精确性的自动机。

以上是冯·诺伊曼对现代自动机理论数学、逻辑理论方法的探讨。他用数学和逻辑形式的方法揭示了自动机最本质的方面，为计算机科学特别是自动机理论奠定了数学、逻辑基础。总之，冯·诺伊曼对自动机数学的分析开始于数理逻辑，并逐渐转向分析数学，转向概率论，最后讨论了热力学。通过这种分析建立的自动机理论，能使我们把握复杂自动机的特征，特别是人的神经系统的特征。数学推理是由人的神经系统实施的，而数学推理借以进行的“初始”语言类似于自动机的初始语言。因此，自动机理论将影响逻辑和数学的基本概念，这是很有可能的。冯·诺伊曼说：“我希望，对神经系统所做的更深入的数学研讨……将会影响我们对数学自身各个方面的理解。事实上，它将会改变我们对数学和逻辑学的固有的看法。”

现代计算机的逻辑结构以及自动机理论中对数学、逻辑的种种探讨，都是寻求计算机背后的数学核心的顽强努力。数学助发现原则以及逻辑简单性、形式化、抽象化原则都在计算机研究中得到了充分的应用，这都体现了毕达哥拉斯主义数学自然观的影响。

第二节　计算机软件的应用理论

随着时代的进步，科技的革新，我国在计算机领域已经取得了很大的成就，计算机网络技术的应用给人类社会的发展带来了巨大的革新，加速了现代化社会的构建速度。文章就“关于计算机软件的应用理论探讨”这一话题展开了一个深刻的探讨，详细阐述了计算机软件的应用理论，以此来强化我国计算机领域的技术人员对计算机软件工程项目创新与完善工作的重视程度，使得我国计算机领域可以正确对待关于计算机软件的应用理论研究探讨工作，从根本上掌握计算机软件的应用理论，进而增强他们对计算机软件应用理论的掌握程度，研究出新的计算机软件技术。

一、计算机软件工程

当今世界是一个趋于信息化发展的时代，计算机网络技术的不断进步在很大程度上影响着人类的生活。计算机在未来的发展中将会更加趋于智能化发展，智能化社会的构建将会给人们带来很多新的体验。而计算机软件工程作为计算机技术中比较重要的一个环节，肩负着重大的技术革新使命，目前，计算机软件工程技术已经在我国的诸多领域中得到了应用，并发挥了巨大的作用，该技术工程的社会效益和经济效益的不断提高将会从根本上促进我国总体的经济发展水平的提升。总的来说，我国之所以要开展计算机软件工程管理项目，其根本原因在于给计算机软件工程的发展提供一个更为坚固的保障。计算机软件工程的管理工作同社会上的其他项目管理工作具有较大的差别，一般的项目工程的管理工作的执行对管理人员的专业技术要求并不高，难度也处于中等水平。但计算机软件工程项目的管理工作对项目管理的相关工作人员的职业素养要求十分高，管理人员必须具备较强的计算机软件技术，能够在软件管理工作中完成一些难度较大的工作，进而维护计算机软件工程项目的正常运行。为了能够更好地帮助管理人员学习计算机软件相关知识，企业应当为管理人员开设相应的计算机软件应用理论课程，从而使其可以全方位地了解到计算机软件的相关知识。计算机软件应用理论是计算机的一个学科分系，其主要是为了帮助人们更好地了解计算机软件的产生以及用途，从而方便人们对于计算机软件的使用。在计算机软件应用理论中，计算机软件被分为了两类，其一为系统软件，其二则为应用软件。系统软件顾名思义是系统以及系统相关的插件以及驱动等所组成的。例如在我们生活中所常用的 Windows7、Windows8、Windows10 以及 Linux 系统、Unix 系统等均属于系统软件的范畴，此外我们在手机中所使用的塞班系统、Android 系统以及 iOS 系统等也属于系统软件，华为公司所研发的鸿蒙系统也是系统软件之一。在系统软件中不但包含诸多的电脑系统、手机系统，同时还具有一些插件。例如，我们常听说的某某系统的汉化包、扩展包等也是属于系统软件的范畴。同时，一些电脑中以及手机中所使用的驱动程序也是系统软件之一。例如，电脑中用于显示的显卡驱动、用于发声的声卡驱动和用于连接以太网、WiFi 的网卡驱动等。而应用软件则可以理解为是除了系统软件所剩下的软件。

二、计算机软件开发现状分析

虽然，随着信息化时代的到来，我国涌现出了许多的计算机软件工程相应的专业性人才，然而目前我国的计算机软件开发仍具有许多的问题。例如缺乏需求分析、没有较好的完成可行性分析等。下面将对计算机软件开发现状进行详细分析。

（一）没有确切明白用户需求

首先，在计算机软件开发过程中最为严重的问题就是没有确切的明白用户的需求。在进行计算机软件的编译过程中，我们所采用的方式一般都是面向对象进行编程，从字面意思中我们可以明确地了解到用户的需求将对软件所开发的功能起到决定性的作用。同时，在进行软件开发前，我们也需要针对软件的功能等进行需求分析文档的建立。在这其中，我们需要考虑到本款软件是否需要开发，以及在开发软件的过程中我们需要制作怎样的功能，而这一切都取决于用户的需求。只有可以满足用户的一切需求的软件才是真正意义上的优质软件。而若是没有确切的明白用户的需求就进行盲目开发，那么在对软件的功能进行设计时将会出现一定的重复、不合理等现象。同时经过精心制作的软件也由于没有满足用户的需求而不会得到大众的认可。因此，在进行软件设计时，确切的明白用户的需求是十分必要的。

（二）缺乏核心技术

其次，在现阶段的软件开发过程中还存在有缺乏核心技术的现象。与一些发达国家等相比，我国的计算机领域研究开展较晚，一些核心技术也较为落后。并且，我国的大部分编程人员所使用的编程软件的源代码也都是西方国家所有。因此，我国的软件开发过程中存在着极为严重的缺乏核心技术的问题。这不但会导致我国所开发出的一些软件在质量上与国外的软件存在着一定的差异，同时也会使得我国所研发的软件缺少一定的创新性。这同时也是我国所研发的软件时常会出现更新以及修复补丁的现象的原因所在。

（三）没有合理地制定软件开发进度与预算

再者，我国的软件开发现状还存在没有合理地制定软件开发进度与预算的问题。在上文中，我们曾提到在进行软件设计、开发前，我们首先需要做好相应的需求分析文档。在做好需求分析文档的同时，我们还需要制作相应的可行性分析文档。在可行性分析文档中，我们需要详细地规划出软件设计所需的时间以及预算，并制定相应的软件开发进度。在制作完成可行性分析文档后，软件开发的相关人员需要严格地按照文档中的规划进行开发，否则这将会对用户的使用以及国家研发资金的投入造成严重的影响。

（四）没有良好的软件开发团队

同时，在我国的计算机软件开发现状中还存在没有良好的软件开发团队的问题。在进行软件开发时，需要详细地设计计算机软件的前端、后台以及数据库等相关方面。并且在进行前端的设计过程中也需要划分美工的设计、排版的设计以及内容和与数据库连接的设计。在后台中同时也需要区分为数据库连接、前端连接以及各类功能算法的实现和各类事件响应的生成。因此，在软件的开发过程中拥有一个良好的软件研发团队是极为必要的。这不但可以有效地帮助软件开发人员减少软件开发的所需时间，同时也可以有效地提高软件的质量，使其更加符合用户的需求。而我国的软件开发现状中就存在没有良好的软件开发团队的问题。这个问题主要是由于在我国的软件开发团队中，许多的技术人员缺乏高端软件的开发经验，同时许多的技术人员都具有相同的擅长之处。这都是造成这一问题的主要原因。同时，技术人员缺乏一定的创新性也是造成我国缺少良好的软件开发团队的主要原因之一。

（五）没有重视产品调试与宣传

在我国的软件开发现状中还存在没有重视产品的调试与宣传的问题。在上文中，曾提到过在进行软件开发工作前，我们首先需要制作可行性分析文档以及需求分析文档。在完成相应的软件开发后，我们同样需要完成软件测试文档的制作，并在文档中详细地记录在软件调试环节所使用的软件测试方法以及进行测试功能与结果。在软件测试中大致所使用的方式有白盒测试以及黑盒测试，通过这两种测试方式，我们可以详细地了解到软件中的各项功能是否可以正常运行。此外，在完成软件测试文档后，我们还需要对所开发的软件进行宣传，从而使得软件可以被众人所了解，从而充分地发挥出本软件的作用。而在我国的软件开发现状中，许多的软件开发者只注重了软件开发的过程而忽略了软件开发的测试阶段以及宣传阶段。这将会导致软件出现一定的功能性问题，例如一些功能由于逻辑错误等无法正常使用，或是其他的一些问题。而忽略了宣传阶段，则会导致软件无法被大众所了解、使用，这将会导致软件开发失去了其目的，从而造成一些科研资源以及人力资源的浪费。

三、计算机软件开发技术的应用研究

我国计算机软件开发技术主要体现在 Internet 的应用和网络通信的应用两方面。互联网技术的不断成熟，使得我国通信技术已经打破了时间空间的限制，实现了现代化信息共享服务平台，互联网技术的迅速发展密切了世界各国之间的联系，使得我国同其他国家直接的联系变得更加密切，加速了构建“地球村”的现代化步伐。与此同时，网络通信技术的发展也离不开计算机软件技术，计算机软件技术的不断深入发展给通信领域带来了巨大的革新，将通信领域中的信息设备引入计算机软件开发的工程作业中可以促进信息化时代数字化单位发展，从根本上加速我国整体行业领域的发展速度。相信，不久之后我国的计算机软件技术将会发展的越来越好，并逐渐向着网络化、智能化、融合化方向所靠拢。

就上文所述，可以看到当下我国计算机技术已经取得了突破性的进展，这种社会背景之下，计算机软件的种类在不断增加，多样化的计算机软件可以满足人类社会生活中的各种生活需求，使得人类社会生活能够不断趋于现代化社会发展。为了能够从根本上满足我国计算机软件工程发展中的需求，给计算机软件工程的进一步发展提供有效发展空间，当下我国必须加大对计算机软件工程项目的重视，鼓励从事计算机软件工程项目研究的技术人员不断完善自身对计算机软件的应用理论知识的掌握程度，在其内部制定出有效的管理体制，进而从根本上提高计算机软件工程项目运行的质量水平，为计算机技术领域的发展做铺垫。

第三节　计算机辅助教学理论

计算机辅助教学有利于教育改革和创新，巨大的促进了我国教育事业的发展。本节主要分析了计算机辅助教学的概念，计算机辅助教学的实践内容，计算机辅助教学对于实际教学的影响。希望对今后研究计算机辅助教学有一定的借鉴和影响。

计算机辅助教学的概念从狭义的角度来理解，就是在课堂上老师利用计算机的教学软件来对课堂内容进行设计，而学生通过老师设计的软件内容来对相关的知识进行学习。也可以理解为计算机辅助或者取代老师对学生们进行知识的传授以及相关知识的训练。同时也可以定义计算机辅助教学是利用教学软件把课堂上讲解的内容和计算机进行结合，把相关的内容用编程的方式输入给计算机，这样一来，学生在对相关的知识内容进行学习的时候，可以采用和计算机互动的方式来进行学习。老师利用计算机丰富了课堂上的教学方式，为学生创造了一个更加丰富的教学氛围，在这种氛围下，学生可以通过计算机间接的进行交流。我们可以理解为，计算机辅助教学是用演示的方式来进行教学，但是演示并不是计算机辅助教学的全部特点。

一、计算机辅助教学的实践内容

（一）计算机辅助教学的具体方式

在我们国家，一般学校主要采用的一种课堂教学形式就是老师面对学生进行教学，这种教学的形式已经存在了很多年，它有它存在的价值和意义。因为在老师教育学生的过程中，老师和学生的互相交流是非常重要的，学生和学生之间的互相学习也必不可少，这种人与人之间情感上的影响和互动是计算机无法取代的，所以计算机只能成为一个辅助的角色来为这种教学形式进行服务。计算机辅助教学是可以帮助课堂教学提升教学质量的，但是计算机辅助教学不一定要仅仅体现在课堂上。我们都知道老师给学生传授知识的过程分为，学生预习，老师备课，最后是课堂传授知识。在这个过程中，计算机辅助教学完全可以针对这个过程的单个环节来进行服务和帮助，例如在老师进行备课的这个环节，计算机完全可以提供一些专门的备课软件以及系统，虽然这种备课的软件服务的是老师，但是它却可以有效地提升老师备课的效率和质量，使得老师可以更好地来组织授课的内容，这其实也是从另外一个角度来对学生进行服务，因为老师的备课效率提高，最终受益的还是学生。再比如说，计算机针对学生预习和自习这个环节来进行服务和帮助，可以把老师的一些想法和考虑与计算机的相关教学软件结合起来，使得学生再利用计算机进行自习和预习的时候也得到了老师的教育。这样一来就使得学生的自习和预习的效率和质量可以得到很大的提高。

（二）无软件计算机辅助教学

利用计算进行辅助教学是需要一些专门的教学软件的，但是一些学校因为资金缺乏或者其他方面的原因，课堂上的教学软件没有得到足够的支持，一些内容没有得到及时的更新和优化。这就使得一些学校出现了利用计算机系统常用软件来进行计算机辅助教学的情况。例如一些学校利用 OFFICE 的 word 软件作为学生写作练习的辅助工具，学生利用 word 系统来进行写作练习，可以极大地提升写作的效率和质量，这样一来就可以使得学生在课堂上有更多的时间来听老师的讲解，并且在学生写作的过程中，可以更加容易保持写作的专注度，使得写作的思路更加的顺畅，在提升学生思维能力的同时，也提升了学生的打字能力，促进了学生综合能力的提高。这种计算机辅助教学的形式也是很多学校在实践的过程中会用到的。

（三）计算机和学生进行互动教学

这种计算机辅助教学的方式就是利用计算机和学生的互动来进行辅助教学，这种辅助教学的方式把网络作为基础，利用相关的教学软件来具体地辅助教学过程。针对不同学生和老师的具体需求，采用个性化的教学软件来进行服务以及配合，体现出计算机与学生进行互动的能力。另一方面，一种利用网络远程教学的形式特别适合现今一些想学习的成人，因为成人具备一定的知识选择能力以及自我控制能力，这种人机互动的计算机辅助教学方式特别适合他们这类人群。这种人机互动的教学模式是未来教育发展的一个主要方向，它可以使得更多对知识有需要的人们更容易，更方便的参与到学习中来。当然这种形式还需要长期的实践来作为经验基础。但是笔者认为，计算机辅助教学毕竟不是教学的全部，它只是起到一个辅助的作用，我们应该把计算机辅助教学放在一个合理的位置上去看待它，计算机的辅助还是应该适度的。

二、计算机辅助教学对于实际教学的影响

（一）对于教学内容的影响

在实际的教学中，教学内容主要承担着知识传递的部分，学生主要通过教学内容来获得知识，提升自身的能力，以及学习相关的技能。计算机辅助教学的应用使得教学内容发生了一些形式上和结构上的改变，并且计算机已经成为老师和学生都必须熟练掌握的一种现代化工具。

（二）形式上的改变

以往的教学内容表现形式主要是用文字来进行表述，并且还会有些配合文字出现的简单的图形和表格，无法用声音和图像来对教学内容进行详细的表达。后来，教学内容的表现形式开始出现录像和录音的形式，可这种表现形式也过于单一，无法满足学生的实际需求。现在通过计算机的辅助教学，可以在文本以及图画、动画、视频、音频等各个方面来表现教学内容，把要表达和传递的知识和信息表现得更加具体和丰富。一些原本很难理解的文字性概念和定理，现在通过计算机来进行立体式的表达，更加清晰，使得学生更加容易去理解。同时这种计算机辅助教学对教学内容进行表达的方式可以极大地提升信息传递的效率，把教学内容用多种方式表达出来，满足不同学生的个性化需求。

（三）对于教学组织形式的影响

1. 结构上的改变

以往的教学组织形式都是采用班级教学的方式来进行，班级教学的形式主要是老师对学生进行知识的传授，在这个教学组织形式里，老师是作为主体的，因为教学的内容和流程都是老师来进行设计和制定，在整个过程中，学生都处于一个非常被动的位置，现代的教育理念都是要在课堂上以学生为主体的，这种传统的教学组织形式已经不符合当今教育发展的要求，并且无法满足不同特点学生的个性化学习需求。而计算机辅助教学则会给这种教学组织形式带来根本性的改变，在整个教学组织形式中老师将不再成为主体，学生的个性化需求也将得到满足。这种计算机辅助教学帮助下的教学组织形式可以有效地避免时间和空间的限制，利用网络来使教学形式更加的开放，使得以往的教学组织形式变得更加分散，个体化以及社会化。对知识的学习将不再仅限于课堂上，老师所教授的学生也不仅限于一个教室的学生。学生学习知识的时候可以利用网络得到无限的资源，老师在进行知识传授的时候可以利用计算机网络得到无限的空间，并且在时间上也更加自由，不再固定在某个时间段进行学习或者授课。

2. 对于教学方法的影响

教学方法是老师对学生进行教学时候非常重要的一个部分，每个老师在进行教学的时候都需要一套教学方法。以往的教学方法都是老师在课堂上对学生进行知识的传授，而现今的教学方法是老师引导学生们进行学习。这种引导式的教学方法可以有效地提升学生的思维能力，并且能够让学生的学习积极性更加强烈。通过计算机辅助教学和引导式教学相结合，使得引导式教学更加的高效。例如利用计算机来对教学内容进行演示，给学生提供视觉上和听觉上更加直观的表达方式，使得学生对于教学内容的理解更加透彻。并且利用计算机辅助教学可以有效地加强学生和老师之间的交流以及学生和学生之间的交流，并且交流的内容不仅限于文字，还可以发送图片或者视频等内容，非常有利于培养学生的交流合作能力。另外，计算机辅助教学还可以把学生学习的重点引导向知识点之间的逻辑关系上，不再只是学习单个的知识点，这样更有助于学生锻炼自身的思维能力，引导学生建立适合自身的学习风格和方式，培养学生的综合能力。

计算机辅助教学对促进我国教育起到了很大的作用，但是相对于发达国家来说，我们还有很大的差距和不足，我们应该努力开发和研究，不断完善这一教学方式，不断探索新的教学方法。同时，计算机辅助教学要更好地与课堂实际教学相结合，更好地促进我们国家的教育改革和发展。

第四节　计算机智能化图像识别技术的理论

由于我国社会经济发展，科技也在持续进步，大家开始运用互联网，计算机的应用愈发广泛，图像识别技术也一直在进步。这对我国计算机领域而言是个很大的突破，还推动了其他领域的发展。所以，文章分析了计算机智能化图像识别技术的理论突破及应用前景等，期待帮助该领域的可持续发展。

现在大家的生活质量愈发提升，越来越多的人应用计算机。生产变革对计算机也有新要求，特别是图像识别技术。智能化是现在各行各业都为此发展的方向，也是整个社会的发展趋势。但是图像技术的发展时间不长，现在只用于简单的图像问题上，没有与时俱进。所以，计算机智能化图像识别技术在理论层面突破是很关键的。

一、计算机智能化图像识别技术

计算机图像识别系统具体有：首先，图像输入，把得到的图像信息输入计算机识别；图像预处理，分离处理输入的图像，分离图像区与背景区，同时细化与二值化处理图像，有利于后续高效处理图像；特征提取，将图像特征突出出来，让图像更真实，并通过数值标注；图像分类，还要储存在不同的图像库中，方便将来匹配图像；图像匹配，对比分析已有的图片和前面有的图片，然后比较现有图片的特色，从而识别图像。计算机智能化图像识别技术手段通常包括三种：一是，统计识别法，其优势是把控最小的误差，将决策理论作为基础，通过统计学的数学建模找出图像规律；二是，句法识别法，其作为统计法的补充，通过符号表达图像特点，基础是语言学里的句法排列，从而简化图像，有效识别结构信息；三是，神经网络识别法，具体用于识别复杂图像，通过神经网络安排节点。

二、计算机智能化图像识别技术的特征

（1）信息量较大。识别图像信息应对比分析大量数据。具体使用时，一般是通过二维信息处理图像信息。和语言信息比较而言，图像信息频带更宽，在成像、传输与存储图像时，离不开计算机技术，这样才能大量存储。一旦存储不足，会降低图像识别准确度，造成和原图不一致。而智能化图像处理技术能够避免该问题，能够处理大量信息，并且让图像识别处理更快，确保图像清晰。

（2）关联性较大。图像像素间有很大的联系。像素作为图像的基本单位，其互相的链接点对图像识别非常关键。识别图像时，信息和像素对应，能够提取图像特征。智能化识别图像时，一直在压缩图像信息，特别是选取三维景物。由于输入图像没有三维景物的几何信息水平，必须有假设与测量，因此计算机图像识别需考虑到像素间的关联。

（3）人为因素较大。智能化图像识别的参考是人。后期识别图像时，主要是识别人。人是有自己的情绪与想法的，也会被诸多因素干扰，图像识别时难免渗入情感。所以，人为控制需要对智能化图像技术要求更高。该技术需从人为操作出发，处理图像要尽量符合人的满足，不仅要考虑实际应用，也要避免人为因素的影响，确保计算机顺利工作及图像识别真实。

三、计算机智能化图像识别技术的优势

（1）准确度高。因为现在的技术约束，只能对图像简单数字化处理。而计算机能够转化成三十二位，需要满足每位客户对图像处理的高要求。不过，人的需求会随着社会的进步而变化，所以我们必须时刻保持创新意识，开发创新更好的技术。

（2）呈现技术相对成熟。图像识别结束后的呈现很关键，现在该技术相对成熟。识别图像时，可以准确识别有关因素，如此一来，无论是怎样的情况下都可以还原图像。呈现技术还可以全面识别并清除负面影响因素，确保处理像素清晰。

（3）灵活度高。计算机图像处理能够按照实际情况放大或缩小图像。图像信息的来源很多方面，不管是细微的还是超大的，都能够识别处理。通过线性运算与非线性处理完成识别，通过二维数据灰度组合，确保图像质量，这样不但可以很快识别，还可以提升图像识别水平。

四、计算机智能化图像识别技术的突破性发展

（1）提高图像识别精准度。二维数组现在已无法满足我们对图像的期许。因为大家的需求也在不断变化，所以需要图像的准确度更高。现在正向三维数组的方向努力发

展，推动处理的数据信息更加准确，进而确保图像识别更好地还原，保证高清晰度与准确度。

（2）优化图像识别技术。现在不管是什么样的领域都离不开计算机的应用，而智能化是当今的热门发展方向，大家对计算机智能化有着更高的期待。其中，最显著的就是图像智能化处理，推动计算机硬件设施与系统的不断提升。计算机配置不断提高，图像分辨率与存储空间也跟着增加。此外，三维图像处理的优化完善，也优化了图像识别技术。

（3）提升像素呈现技术。现在图像识别技术正不断变得成熟，像素呈现技术也在进步。计算机的智能化性能能够全面清除识别像素的负面影响因素，确保传输像素时不受干扰，从而得到完整真实的图像。相信关于计算机智能化图像识别技术的实际应用也会越来越多。

综上所述，本节简单分析了计算机智能化图像识别技术的理论及应用。这项技术对我国社会经济发展做出了卓越的贡献，尤其是对科技发展的作用不可小觑。它的应用领域很广，包罗万象，在特征上具有十分鲜明的准确与灵活的优势特点，让我们的生活更加方便。现阶段我国愈发重视发展科技，并且看重自主创新。所以，我们还应持续进行突破，通过实践不断积累经验，从而提升技术能力，让技术进步得更高更快，从而帮助国家实现长远繁荣的发展。

第五节　计算机大数据应用的技术理论

近几年来，先进的计算机与信息技术已经在我国得到了广泛的发展和应用，极大地丰富了人们的生活和工作，并且有效促进了我国生产技术的发展。与此同时，计算机技术的性能也在不断更新和完善，并且其应用范围也不断扩大。尽管先进的计算机技术给各个领域的发展带来极大的促进作用，然而在计算机技术的应用过程中仍然存在着诸多问题，这主要是由于计算机技术的不断发展使得计算机网络数据量与数据类型不断扩大，因而使得数据的处理和存储成为影响计算机技术应用的一大重要问题。本节将围绕计算机大数据应用的技术理论展开讨论，详细分析当前计算机技术应用过程中存在的问题，并就这些问题提出相应的解决措施。

计算机技术的发展在给人们的生活和工作带来便利的同时也隐藏着诸多不利因素，因此，为了能够有效地促进计算机技术为人类所用，必须对其存在的一些问题进行解决。计算机技术的成熟与发展推动了大数据时代的到来，从其应用范围来说，大数据所涉及的领域非常广泛，其中包括：教育教学、金融投资、医疗卫生以及社会时事等一系列领域，由此可见，计算机网络数据与人们的生活和工作联系及其紧密，因此，确保网络数据的安全与高效处理成为相关技术人员的重要任务之一。

一、计算机大数据的合理应用给社会带来的好处

（一）提高了各行业的生产效率

先进技术的大范围合理应用给社会各行各业带来了诸多便利，有效提高了各行业的生产效率。譬如：将计算机技术应用到教育教学领域可以有效提高教育水平，这得益于计算机技术一方面可以改善教师的教学用具，从而可以有效减轻教师的教学重担；另一方面可以为学生营造一个更加舒适的学习环境，从而激发学生的学习热情，进而提高学生的学习效率。将计算机技术应用到医疗卫生行业首先可以促进国产化医疗设备的发展和成熟，其次还便于医疗工作者对病人的信息进行安全妥善管理，提高信息管理效率。

（二）促进了各行业的技术发展

计算机网络技术的大范围应用有效促进了各行业的技术发展，从而提高了传统的生产和管理技术。基于计算机大数据的时代背景之下诞生了许多新型的先进技术，如：在工业生产领域广泛应用的 PLC 技术，其是计算机技术与可编程器件完美融合的产物，将其应用到工业生产中可以有效提高生产效率，并且改善传统技术中存在的不足和缺陷，并且基于 PLC 技术的优良性能使得其的应用范围不断扩大，目前已经被广泛应用到电力系统行业，从而有效提高了电力系统管理效率。

二、计算机大数据应用过程中存在的问题

影响计算机大数据有效应用的原因有很多，其中数据采集技术的不完善是影响其合理应用的原因之一，因此，为了能够有效促进计算机大数据在其他领域的发展，必须首先提高数据采集效率，这样才能确保相关人员在第一时间获得重要的数据信息。其次，在数据采集效率提高之后，还必须加快数据传输速度，这样才能将采集到的有用数据及时传输到指定位置，便于工作人员将接收到的数据进行整合、加工和处理，从而方便用户的检索和参考。与此同时，信息监管及处理技术也是困扰技术人员的一大难题，同时制约着计算机网络技术的进一步发展，因此，提高信息数据的监管和处理技术任务迫在眉睫。

三、改进计算机大数据应用效率的措施

（一）提高数据采集效率

从上文可知，目前的计算机大数据在应用过程中存在许多的问题和不足，需要相关的技术人员不断完善和改进。其中，最为突出的问题之一便是数据的采集效率不能满足实际应用需求，因此，技术人员必须寻找可行的方案和技术来进一步完善当前的数据采集技术，以便能够有效提高数据采集效率。然而，信息在采集过程中由于其种类和格式存在很大的差异，进而使得信息采集变得相当复杂，因此，技术人员必须要以信息格式为入手点，不断优化和完善信息采集技术，确保各种类型的信息数据都能通过相似的采集技术实现采集功能，这样可以大大降低信息采集工程的难度，从而提高信息采集效率。

（二）优化计算机信息安全技术

尽管新型的计算机技术给人类的生活带来了极大的便利，然而，凡事都有利弊性，计算机技术在给人类生活带来便利的同时也带来了一定的危害。大数据时代的到来方便了社会的生产和进步，但是同时给许多不法分子带来了机会，他们利用这种先进的计算机技术肆意盗取国家机密和个人的重要信息，因此，优化计算机信息安全维护技术成为摆在技术人员面前的一项重要任务。同时，当前的计算机网络数据中包含着众多社会人员的重要信息，其中包括身份证信息、银行卡信息以及众多的个人隐私，因此，维护网络数据的安全是至关重要的。然而，凡事都会有解决措施，譬如：技术人员应该定期维护数据安全网络或派专业人员进行实时监管确保其安全。

计算机技术的快速发展促进了大数据时代的到来，并且由于特有的优良性能使得其应用范围不断扩大。然而，尽管这种技术极大地促进了社会的生产，但是也同样会给社会带来一定的影响，因此，相关的技术人员需要不断的优化和完善计算机网络数据的监管技术以确保用户的信息安全。此外，为了便于信息的传输和流通，技术人员需要不断提高信息采集和传输速度，以便满足用户日益增长的需求。

第六节　控制算法理论及网络图计算机算法显示研究

随着 21 世纪科学技术的飞速发展，通用计算机技术已经普及到我们生活的方方面面，并且通过计算机技术，我国的各行各业都有了突飞猛进的发展。在计算机控制算法领域，通过将计算机技术与网络图的融合，将计算机的控制算法以现代化的计算机演算

方式表现出来。并且随着计算机网络技术与网络图两者之间的协作发展，可以在控制算法上得到很好的定量优势和定性优势。本节通过对计算机网络显示与控制算法的运行原理进行分析研究，主要阐述计算机网络显示的具体应用方法，并将现有阶段计算机网络显示和控制算法中不足之处进行分析，并且提出了一些改进性的意见和方法。

随着近些年来计算机显示网络理论的研究深入，目前我国应用计算机网络显示和控制算法中的网络图的控制有着日新月异的变化。在工作中计算机可以实现与计算机网络图显示理论进行高效结合，并且在计算机网络图显示与控制算法中，符号理论的发展也极为迅速，它可以将网络图的控制以及标号的运行熟练控制。在这些研究过程中最重要的两点分别是计算机的控制算法和计算机的网络图显示。

一、计算机网络图的显示原理和储存结构

计算机网络图的显示原理最简单地说就是点与线的结合。打个比方，如果需要去解决一个问题，那么必须要从问题的本质出发。只有对问题的根源进行分析理解并认识问题的产生原因，才可以使用最有效的方法解决这个问题。换一种思考问题的方法，我们将数学上的问题利用数学理论进行建模，利用这种建模的方法对问题进行分析研究，就会发现所有的问题在数学模型中的组成只有两个因素，一个是点，还有一个是线。而最开始的数学建模的方法和灵感，是科学家们通过国际象棋的走位中发现的。在国际象棋进行比赛的过程中，选手们需要根据比赛规则依次在两个不同的位置放置皇后，选手们选择皇后的位置都有两个原则，这两个原则分别是：第一使用最少的，第二选用最少的。通过这种方法也就构成了计算机网络途中最原始的模型结构，由于计算机网络图的主要构成是点与线的构成，所以图形的领域是计算机网络图最主要的构成方式。在后续科学家的研究过程中，科学家们将图论融入计算机的算法中发现可以利用控制算法的方式对问题进行解决。通过这种方式形成的计算机网络图可以将图论中的数学模型建模和理论体系进行融合并加强了计算的效率。

而在最开始计算机运算过程中的储存结构通常是由关联矩阵结构，连接矩阵结构，十字连接表，连接表这 4 种最基本的基础结构构成，关联矩阵结构和邻接矩阵结构主要体现的是数组结构之间的关系。十字连表和邻接表主要体现的是链表结构之间的关系，并且在计算机运算过程的储存结构中链接表的方法并不只是这一种。通常科学家们还可以通过对边表节点进行连接，并在连接过程中次序表达然后结合邻接表算法，就可以更好地在网络图中对现有的计算机算法进行表达。

二、网络图计算机的几种控制算法分析

网络图计算机的控制算法主要是由点符号权控制算法，边符号控制算法和网络图显

示方法组成。在实际应用过程中点符号权控制算法主要是通过闭门领域中的结构组织，在计算机使用符号计算的过程中掌握好极限度，主要是对最大和最小的度限定有着精确地控制，还需要在上下限中之间有着及时的更新。如果显示网络图需要使用符号算法进行，就需要依据下界随时变化的角度来满足网络图下界的需求，而边符号的控制算法已经是一种较为成熟的算法方式，边符号控制算法主要是利用 M 边的最小边符号进行控制计算得出。边符号可以说是近些年来，科学家们对计算机网络算法的再一次创新。通过这次创新计算机网络图的控制理论有着更为完善的发展，并且通过对符号控制算法的上界和下界进行实际的确定过程中，可以将计算机网络图控制算法的优势更为明确地体现出来。在运用边符号控制算法进行计算机网络控制计算过程中可以利用代表性的网络符号利用边控制算法提高计算中的精确度。在工作人员使用计算机网络符号边控制算法的操作过程中，明确的界限可以使计算机的网络图显示有着更为精准的表达方式。在计算机控制算法中使用符号和边符号的显示主要是在绘制网络图的过程。在计算运行结束过后，就需要一种显示方法来将图像绘制过程中的数据进行输入。如果需要增加输入过程的准确程度，就需要操作人员将指令准确的输入到计算机的网络图中，并且在输入完成过后还需要将表格绘制中需要的其他数据，进行再次分析输入。表格绘制过程中的数据，主要是包括绘图中的顶点个数，以及边的数量和图形的顶点坐标等。在计算机网络图的绘制过程中，大多数情况都需要创建邻接多重表，利用邻接多重表可以将数据更准确地输入到创建表中，才可以使网络图中的数据更完整的显示出来，并且还可以维持网络连接过程中的稳定性。

三、对现有计算机算法和网络图的显示方法的提升措施

目前现有的网络图计算机算法在运行的过程中通常会出现语言表达不简便，绘制网络图的过程复杂，并且在网络图的绘制过程中无法进行准确的记录。随着计算机网络图的算法在领域中更深入的应用过程中，就会发现在实际操作过程中计算机算法和网络图的显示以及在相关的查询系统中如果不熟练使用会导致计算机整体系统不稳定，从而会将已经绘制好的网络图再次修改。而出现了以上类似问题，就需要在网络图的显示过程中借助计算机的 C 语言程序来绘制出想要表达出来的网络图。由于计算机中 C 语言的语言表达方式较为简单，并且 C 语言的功能也异常强大，所以在计算机网络图显示的过程中使用 C 语言可以将图形更加准确的绘制在计算机的屏幕上。并且又由于 C 语言计算所占字节数较少，所以 C 语言在绘制计算机网络图的过程中，可以节省计算机的内部储存，并且使计算机在绘制网络图的速度和效率上都有极大的促进。随着绘制难度的加深，许多点对点之间的连线会出现很多顶点和边之间的关系。如果对计算机网络绘图不熟练就会造成绘图的失败。这就需要在绘图过程中，需要对图形每个顶点之间进行

连线，并且还需要将整个图形绘制出相应的物理坐标。在图形的物理坐标上选取适当的距离，并将每个数值都选取整数或估算为整数。利用这种方法才可以将图形在绘制过程中的清晰度大为提升，并且也便于后续操作的观察。如果我们要将图形中不需要的边和点进行删除，那么就要在删除的过程中查询时间和过程，并将其准确的记录，以方便后续的操作。只有这样才能更好地构建出计算机网络图的显示系统。在计算机网络图的算法领域应用中，还需要对控制算法运行过程中的边符号控制系统进行完善。只有将绘制好的网络图进行多次修改和完善，才可以降低整个计算机算法系统的不稳定性。在修改过程中，还需要实现对数据的查询功能，以免绘制出的图像古板模糊。在系统的完善过程中，还需要通过数据库的具体形式将数据进行正确操作来解决数据库绘制过程中的数据需求。如果需要提高对计算机控制算法的运行效率，还需要对计算机控制算法和网络图绘制过程中的不同对象进行有效的分析。

在未来的应用过程中，依然还需要网络工作者们对计算机控制算法和网络图的显示进行不断的创新和发展，才可以使计算机网络图控制算法和显示功能更适应时代的发展和人们的生活需求。

计算机的网络图显示和控制算法理论，现在已经在我国的各个领域熟练的运用，并且每一阶段网络图理论和控制算法都有着迅猛的创新发展。由于目前计算机这一新兴行业受到了地方和国家的高度关注，计算机领域人才的培养也越来越重视，所以我国现代化发展的步伐离不开计算机网络图的应用。并且随着市场需求的不断增加，只有从网络应用层面出发，不断提升计算机的技能，才可以满足市场上的需求，促进我国现代化发展的步伐。

第三章　信息安全技术

计算机技术正在日新月异地迅猛发展，特别是 Internet 在世界范围的普及，将把人类推向一个崭新的信息时代。然而人们在欣喜地享用这些高科技新成果的同时，却不得不对另一类普遍存在的社会问题产生越来越大的顾虑和不安，这就是计算机的安全技术问题。本章将简单介绍信息系统安全相关知识及计算机新技术。

第一节　计算机系统安全概述

对计算机系统的威胁和攻击主要有两种：一种是对计算机系统实体的威胁和攻击；另一种是对信息的威胁和攻击。计算机犯罪和计算机病毒则包含了对实体和信息两方面的威胁和攻击。因此，为了保证计算机系统的安全性，必须系统、深入地研究计算机的安全技术与方法。

一、计算机系统面临的威胁和攻击

计算机系统面临的威胁和攻击，大体上可以分为两种：一种是对实体的威胁和攻击，另一种是对信息的威胁和攻击。计算机犯罪和计算机病毒则包括对计算机系统实体和信息两方面的威胁和攻击。

（一）对实体的威胁和攻击

对实体的威胁和攻击主要指对计算机及其外部设备和网络的威胁和攻击，如各种自然灾害、人为破坏、设备故障、电磁干扰、战争破坏及各种媒体的被盗和丢失等。对实体的威胁和攻击，不仅会造成国家财产的重大损失，而且会使系统的机密信息严重破坏和泄露。因此，对系统实体的保护是防止对信息威胁和攻击的首要一步，也是防止对信息威胁和攻击的天然屏障。

（二）对信息的威胁和攻击

对信息的威胁和攻击主要有两种，即信息泄露和信息破坏。信息泄露是指偶然地或故意地获得（侦收、截获、窃取或分析破译）目标系统中信息，特别是敏感信息，造成泄露事件。信息破坏是指由于偶然事故或人为破坏，使信息的正确性、完整性和可用性受到破坏，如系统的信息被修改、删除、添加、伪造或非法复制，造成大量信息的破坏、修改或丢失。

对信息进行人为的故意破坏或窃取称为攻击。根据攻击的方法不同，可分为被动攻击和主动攻击两类。

1. 被动攻击

被动攻击是指一切窃密的攻击。它是在不干扰系统正常工作的情况下进行侦收、截获、窃取系统信息，以便破译分析；利用观察信息、控制信息的内容来获得目标系统的位置、身份；利用研究机密信息的长度和传递的频度获得信息的性质。被动攻击不容易被用户察觉出来，因此它的攻击持续性和危害性都很大。被动攻击的主要方法有直接侦收、截获信息、合法窃取、破译分析及从遗弃的媒体中分析获取信息。

2. 主动攻击

主动攻击是指篡改信息的攻击。它不仅能窃密，而且威胁到信息的完整性和可靠性。它是以各种各样的方式，有选择地修改、删除、添加、伪造和重排信息内容，造成信息破坏。主动攻击的主要方式有窃取并干扰通信线中的信息、返回渗透、线间插入、非法冒充及系统人员的窃密和毁坏系统信息的活动等。

（三）计算机犯罪

计算机犯罪是利用暴力和非暴力形式，故意泄露或破坏系统中的机密信息，以及危害系统实体和信息安全的不法行为。暴力形式是对计算机设备和设施进行物理破坏，如使用武器摧毁计算机设备、炸毁计算机中心建筑等。而非暴力形式是利用计算机技术知识及其他技术进行犯罪活动，它通常采用下列技术手段：线路窃收、信息捕获、数据欺骗、异步攻击、漏洞利用和伪造证件等。

目前全世界每年被计算机罪犯盗走的资金达 200 多亿美元，许多发达国家每年损失几十亿美元，计算机犯罪损失常常是常规犯罪的几十至几百倍。Internet 上的黑客攻击从 1986 年首例发现以来，十多年间以几何级数增长。计算机犯罪具有以下明显特征：采用先进技术、作案时间短、作案容易且不留痕迹、犯罪区域广、内部工作人员和青少年犯罪日趋严重等。

二、计算机系统安全的概念

计算机系统安全是指采取有效措施保证计算机、计算机网络及其中存储和传输信息的安全，防止因偶然或恶意的原因使计算机软硬件资源或网络系统遭到破坏及数据遭到泄露、丢失和篡改。

保证计算机系统的安全，不仅涉及安全技术问题，还涉及法律和管理问题，可以从以下三个方面保证计算机系统的安全：法律安全、管理安全和技术安全。

（一）法律安全

法律是规范人们一般社会行为的准则。它从形式上分为宪法、法律、法规、法令、条令、条例和实施办法、实施细则等多种形式。有关计算机系统的法律、法规和条例在内容上大体可以分成两类，即社会规范和技术规范。

社会规范是调整信息活动中人与人之间的行为准则。要结合专门的保护要求来定义合法的信息实践，并保护合法的信息实践活动，对于不正当的信息活动要受到民法和刑法的限制或惩处。它发布阻止任何违反规定要求的法令或禁令，明确系统人员和最终用户应该履行的权利和义务，包括宪法、保密法、数据保护法、计算机安全、保护条例、计算机犯罪法等。

技术规范是调整人和物、人和自然界之间的关系准则。其内容十分广泛，包括各种技术标准和规程，如计算机安全标准、网络安全标准、操作系统安全标准、数据和信息安全标准、电磁泄露安全极限标准等。这些法律和技术标准保证计算机系统安全的依据和主要的社会保障。

（二）管理安全

管理安全是指通过提高相关人员安全意识和制定严格的管理工作措施来保证计算机系统的安全，主要包括软硬件产品的采购、机房的安全保卫工作、系统运行的审计与跟踪、数据的备份与恢复、用户权限的分配、账号密码的设定与更改等方面。

许多计算机系统安全事故都是由于管理工作措施不到位及相关人员疏忽造成的，如自己的账号和密码不注意保密导致被他人利用、随便使用来历不明的软件造成计算机感染病毒、重要数据不及时备份导致破坏后无法恢复等。

（三）技术安全

计算机系统安全技术涉及的内容很多，尤其是在网络技术高速发展的今天。从使用出发，大体包括以下几个方面：

1. 实体硬件安全

计算机实体硬件安全主要是指为保证计算机设备和通信线路及设施、建筑物的安全，预防地震、水灾、火灾、飓风和雷击，满足设备正常运行环境的要求。其中还包括电源供电系统及为保证机房的温度、湿度、清洁度、电磁屏蔽要求而采取的各种方法和措施。

2. 软件系统安全

软件系统安全主要是针对所有计算机程序和文档资料，保证它们免遭破坏、非法复制和非法使用而采取的技术与方法，包括操作系统平台、数据库系统、网络操作系统和所有应用软件的安全，同时还包括口令控制、鉴别技术、软件加密、压缩技术、软件防复制及防跟踪技术。

3. 数据信息安全

数据信息安全主要是指为保证计算机系统的数据库、数据文件和所有数据信息免遭破坏、修改、泄露和窃取，为防止这些威胁和攻击而采取的一切技术、方法和措施。其中包括对各种用户的身份识别技术、口令或指纹验证技术、存取控制技术和数据加密技术及建立备份和系统恢复技术等。

4. 网络站点安全

网络站点安全是指为了保证计算机系统中的网络通信和所有站点的安全而采取的各种技术措施，除了主要包括防火墙技术外，还包括报文鉴别技术、数字签名技术、访问控制技术、加压加密技术、密钥管理技术、保证线路安全或传输安全而采取的安全传输介质、网络跟踪、检测技术、路由控制隔离技术以及流量控制分析技术等。

5. 运行服务安全

计算机系统运行服务安全主要是指安全运行的管理技术，它包括系统的使用与维护技术、随机故障维护技术、软件可靠性和可维护性保证技术、操作系统故障分析处理技术、机房环境检测维护技术、系统设备运行状态实测和分析记录等技术。以上技术的实施目的在于及时发现运行中的异常情况，及时报警，提示用户采取措施或进行随机故障维修和软件故障的测试与维修，或进行安全控制和审计。

6. 病毒防治技术

计算机病毒威胁计算机系统安全，已成为一个重要的问题。要保证计算机系统的安全运行，除了运行服务安全技术措施外，还要专门设置计算机病毒检测、诊断、杀除设施，并采取系统的预防方法防止病毒再入侵。计算机病毒的防治涉及计算机硬件实体、计算机软件、数据信息的压缩和加密解密技术。

7. 防火墙技术

防火墙是介于内部网络或 Web 站点与 Internet 之间的路由器或计算机，目的是提供安全保护，控制谁可以访问内部受保护的环境，谁可以从内部网络访问 Internet。Internet 的一切业务，从电子邮件到远程终端访问，都要受到防火墙的鉴别和控制。

第二节　计算机病毒

在网络发达的今天，计算机病毒已经有了无孔不入、无处不在的趋势了。无论是上网，还是使用移动硬盘、U 盘都有可能使计算机感染病毒。计算机感染病毒后，就会出现计算机系统运行速度减慢、计算机系统无故发生死机、文件丢失或损坏等现象，给学习和工作带来许多不便。为了有效地、最大限度地防治病毒，学习计算机病毒的基本原理和相关知识是十分必要的。

一、计算机病毒的概念

计算机病毒（Computer Virus）在《中华人民共和国计算机信息系统安全保护条例》中被明确定义，是指“编制者在计算机程序中插入的破坏计算机功能或者破坏数据，影响计算机使用并且能够自我复制的一组计算机指令或者程序代码”。

计算机病毒其实就是一种程序，之所以把这种程序形象地称为计算机病毒，是因为其与生物医学上的“病毒”有类似的活动方式，同样具有传染和损失的特性。

现在流行的病毒是由人为编写的，多数病毒可以找到编写者和产地信息，从大量的统计分析来看，病编写者主要情况和目的是：一些天才的程序员为了表现自己和证明自己的能力，出于对上司的不满，为了好奇，为了报复，为了祝贺和求爱，为了得到控制口令，为了软件拿不到报酬预留的陷阱等，当然也有因政治、军事、宗教、民族、专利等方面的需求而专门编写的，其中也包括一些病毒研究机构和黑客的测试病毒。

计算机病毒一般不是独立存在的，而是依附在文件上或寄生在存储媒体中，能对计算机系统进行各种破坏；同时有独特的复制能力，能够自我复制；具有传染性，可以很快地传播蔓延，当文件被复制或在网络中从一个用户传送到另一个用户时，它们就随同文件一起蔓延开来，又常常难以根除。

二、计算机病毒的概念特征

计算机病毒作为一种特殊程序，一般具有以下特征：

（一）寄生性

计算机病毒寄生在其他程序之中，当执行这个程序时，病毒就起破坏作用，而在未启动这个程序之前，它是不易被人发觉的。

（二）传染性

是否具有传染性是判别一个程序是否为计算机病毒的最重要的条件。计算机病毒是一段人为编制的计算机程序代码，这段程序代码一旦进入计算机并得以执行，它就会搜寻其他符合其传染条件的程序或存储介质，确定目标后再将自身代码插入其中，达到自我繁殖的目的。只要一台计算机染毒，如不及时处理，那么病毒会在这台计算机上迅速扩散，计算机病毒可通过各种可能的渠道，如 U 盘、计算机网络去传染其他的计算机。计算机病毒的传染性也包含其寄生性特征，即病毒程序是嵌入宿主程序中，依赖于宿主程序的执行而生存。

（三）潜伏性

大多数计算机病毒程序进入系统后一般不会马上发作，而是能够在系统中潜伏一段时间，悄悄地进行传播和繁衍，当满足特定条件时才启动其破坏模块，也称发作。这些特定条件主要有以下几种：某个日期时间；某种事件发生的次数，如病毒对磁盘访问次数、对中断调用次数、感染文件的个数和计算机启动次数等；某个特定的操作，如某种组合按键、某个特定命令、读写磁盘某扇区等。显然，潜伏性越好，病毒传染的范围就越大。

（四）隐蔽性

计算机病毒具有很强的隐蔽性，有的可以通过病毒软件检查出来，有的根本就查不出来，有的时隐时现、变化无常，这类病毒处理起来通常很困难。

（五）破坏性

计算机病毒发作时，对计算机系统的正常运行都会有一些干扰和破坏作用，主要造成计算机运行速度变慢、占用系统资源、破坏数据等，严重的则可能导致计算机系统和网络系统的瘫痪。即使是所谓的“良性病毒”，虽然没有任何破坏动作，但也会侵占磁盘空间和内存空间。

三、计算机病毒的分类

对计算机病毒的分类有多种标准和方法，其中按照传播方式和寄生方式，可将病毒分为引导型病毒、文件型病毒、复合型病毒、宏病毒、脚本病毒、蠕虫病毒、“特洛伊木马”程序等。

（一）引导型病毒

引导型病毒是一种寄生在引导区的病毒，病毒利用操作系统的引导模块放在某个固定的位置，并且控制权的转交方式是以物理位置为依据，而不是以操作系统引导区的内容为依据，因而病毒占据该物理位置即可获得控制权，而将真正的引导区内容搬家转移，待病毒程序执行后，将控制权交给真正的引导区内容，使得这个带病毒的系统看似正常运转，而病毒已隐藏在系统中并伺机传染、发作。

（二）文件型病毒

寄生在可直接被 CPU 执行的机器码程序的二进制文件中的病毒称为文件型病毒。文件型病毒是对计算机的源文件进行修改，使其成为新的带毒文件。一旦计算机运行该文件就会被感染，从而达到传播的目的。

（三）复合型病毒

复合型病毒是一种同时具备“引导型”和“文件型”病毒某些特征的病毒。这类病毒查杀难度极大，所用的杀毒软件要同时具备杀两类病毒的功能。

（四）宏病毒

宏病毒是指一种寄生在 Office 文档中的病毒。宏病毒的载体是包含宏病毒的 Office 文档，传播的途径多种多样，可以通过各种文件发布途径进行传播，比如光盘、Internet 文件服务等，也可以通过电子邮件进行传播。

（五）脚本病毒

脚本病毒通常是用脚本语言（如 JavaScript、VBScrip）代码编写的恶意代码，该病毒寄生在网页中，一般通过网页进行传布。该病毒通常会修改 IE 首页、修改注册表等信息，造成用户使用计算机不方便。红色代码（Script Redlo）、欢乐时光（VBS、Happytime）都是脚本病毒。

（六）蠕虫病毒

蠕虫病毒是一种常见的计算机病毒，与普通病毒有较大区别。该病毒并不专注于感染其他文件，而是专注于网络传播。该病毒利用网络进行复制和传播，传染途径是通过网络和电子邮件，可以在很短时间内蔓延整个网络，造成网络瘫痪。最初的蠕虫病毒定义是因为在 DOS 环境下，病毒发作时会在屏幕上出现一条类似虫子的东西，胡乱吞吃屏幕上的字母并将其改形。“勒索病毒”和“求职信”都是典型的蠕虫病毒。

（七）“特洛伊木马”程序

“特洛伊木马”程序是一种秘密潜伏的能够通过远程网络进行控制的恶意程序。控制者可以控制被秘密植入木马的计算机的一切动作和资源，是恶意攻击者进行窃取信息等的工具。特洛伊木马没有复制能力，它的特点是伪装成一个实用工具或者一个可爱的游戏，这会诱使用户将其安装在自己的计算机上。

四、计算机病毒的危害

计算机病毒有感染性，它能广泛传播，但这并不可怕，可怕的是病毒的破坏性。一些良性病毒可能会打扰屏幕的显示，或使计算机的运行速度减慢；但一些恶性病毒会破坏计算机的系统资源和用户信息，造成无法弥补的损失。

无论是“良性病毒”，还是“恶意病毒”，计算机病毒总会给计算机的正常工作带来危害，主要表现在以下两个方面：

（一）破坏系统资源

大部分病毒在发作时，都会直接破坏计算机的资源，如格式化磁盘改写文件分配表和目录区、删除重要文件或者用无意义的“垃圾”数据改写文件、破坏 CMO5 设置等。轻则导致程序或数据丢失，重则造成计算机系统瘫痪。

（二）占用系统资源

寄生在磁盘上的病毒总要非法占用一部分磁盘空间，并且这些病毒会很快地传染，在短时间内感染大量文件，造成磁盘空间的严重浪费。

大多数病毒在动态下都是常驻内存的，这就必然抢占一部分系统资源。病毒所占用的基本内存长度大致与病毒本身长度相当。病毒抢占内存，导致内存减少，一部分软件不能运行。病毒除占用存储空间外，还抢占中断、CPU 时间和设备接口等系统资源，干扰了系统的正常运行，使得正常运行的程序速度变得非常慢。

目前许多病毒都是通过网络传播的，某台计算机中的病毒可以通过网络在短时间内感染大量与之相连接的计算机。病毒在网络中传播时，占用了大量的网络资源，造成网络阻塞，使得正常文件的传输速度变得非常缓慢，严重的会引起整个网络瘫痪。

五、计算机病毒的防治

虽然计算机病毒的种类越来越多、手段越来越高明、破坏方式日趋多样化。但如果能采取适当、有效的防范措施，就能避免病毒的侵害，或者使病毒的侵害降到最低。

对于一般计算机用户来说，对计算机病毒的防治可以从以下几个方面着手：

（一）安装正版杀毒软件

安装正版杀毒软件，并及时升级，定期扫描，可以有效降低计算机被感染病毒的概率。目前计算机反病毒市场上流行的反病毒产品很多，国内的著名杀毒软件有360、瑞星、金山毒霸等，国外引进的著名杀毒软件有Norton AntiVirus（诺顿）、Kasper sky Anti Virus（卡巴斯基）等。

（二）及时升级系统安全漏洞补丁

及时升级系统安全漏洞补丁，不给病毒攻击的机会。庞大的Windows系统必然会存在漏洞，包括螺虫、木马在内的一些计算机病毒会利用某些漏洞来入侵或攻击计算机。微软采用发布“补丁”的方式来堵塞已发现的漏洞，使用Windows的“自动更新”功能，及时下载和安装微软发布的重要补丁，能使这些利用系统漏洞的病毒随着相应漏洞的堵塞而失去活动。

（三）始终打开防火墙

防火墙具有很好的保护作用，入侵者必须首先穿越防火墙的安全防线，才能接触目标计算机。可以将防火墙配置成不同保护级别，高级别的保护可能会禁止一些服务，如视频流等。

（四）不随便打开电子邮件附件

目前，电子邮件已成计算机病毒最主要的传播媒介之一，一些利用电子邮件进行传播的病毒会自动复制自身并向地址簿中的邮件地址发送。为了防止利用电子邮件进行病毒传播，对正常交往的电子邮件附件中的文件应进行病毒检查，确定无病毒后才打开或执行，至于来历不明或可疑的电子邮件则应立即予以删除。

（五）不轻易使用来历不明的软件

对于网上下载或其他途径获取的盗版软件，在执行或安装之前应对其进行病毒检查，即便未查出病毒，执行或安装后也应十分注意是否有异常情况，以便能及时发现病毒的侵入。

（六）备份重要数据

反计算机病毒的实践告诉人们：对于与外界有交流的计算机，正确采取各种反病毒措施，能显著降低病毒侵害的可能和程度，但绝不能杜绝病毒的侵害。因此，做好数据备份是抗病毒最有效和最可靠的方法，同时也是抗病毒的最后防线。

（七）留意观察计算机的异常表现

计算机病毒是一种特殊的计算机程序，只要在系统中有活动的计算机病毒存在，它总会露出蛛丝马迹，即使计算机病毒没有发作，寄生在被感染的系统中的计算机病毒也会使系统表现出一些异常症状，用户可以根据这些异常症状及早发现潜伏的计算机病毒。如果发现计算机速度异常慢、内存使用率过高，或出现不明的文件进程时，就要考虑计算机是否已经感染病毒，并及时查杀。

第三节　防火墙技术

Internet 的普及应用使人们充分享受了外面的精彩世界，但同时也给计算机系统带来了极大的安全隐患。黑客使用恶意代码（如病毒、蠕虫和特洛伊木马）尝试查找未受保护的计算机。有些攻击仅仅是单纯的恶作剧，而有些攻击则是心怀恶意，如试图从计算机中删除信息、使系统崩溃或甚至窃取个人信息，如密码或信用卡号。如何既能和外部互联网进行有效通信，充分互联网的丰富信息，又能保证内部网络或计算机系统的安全，防火墙技术应运而生。

一、防火墙的概念

防火墙的本义是指古代构筑和使用木质结构房屋的时候，为防止火灾的发生和蔓延，人们将坚固的石块堆砌在房屋周围作为屏障，这种防护构筑物就被称为“防火墙”。其实与防火墙一起起作用的就是“门”。如果没有门，各房间的人如何沟通呢，这些房间的人又如何进去呢？当火灾发生时，这些人又如何逃离现场呢？这个门就相当于防火墙技术中的“安全策略”，所以防火墙实际并不是一堵实心墙，而是带有一些小孔的墙。这些小孔就是用来留给那些允许进行的通信，在这些小孔中安装了过滤机制。

网络防火墙是在一个可信网络（如内部网）与一个不可信网络（如外部网）间起保护作用的一整套装置，在内部网和外部网之间的界面上构造一个保护层，并强制所有的访问或连接都必须经过这一保护层，在此进行检查和连接。只有被授权的通信才能通过此保护层，从而保护内部网资源免遭非法入侵。

防火墙的安全意义是双向的，一方面可以限制外部网对内部网的访问，另一方面也可以限制内部网对外部网中不健康或敏感信息的访问。防火墙的实现技术一般分为两种，一种是分组过滤技术，另一种是代理服务技术。分组过滤技术是基于路由的技术，其机理是由分组过滤路由对 IP 分组进行选择，根据特定组织机构的网络安全准则过滤掉某些 IP 地址分组，从而保护内部网络。代理服务技术是由一个高层应用网关作为代理服务器，对于任何外部网的应用连接请求首先进行安全检查，然后再与被保护网络应用服务器连接。代理服务器技术可使内、外网信息流动受到双向监控。

二、防火墙的功能

防火墙一般具有如下功能：

（一）访问控制

这是防火墙最基本也是最重要的功能，通过禁止或允许特定用户访问特定资源，保护网络的内部资源和数据。防火墙禁止非法授权的访问，因此需要识别哪个用户可以访问何种资源。

（二）内容控制

根据数据内容进行控制，例如，防火墙可以根据电子邮件的内容识别出垃圾邮件并过滤掉垃圾邮件。

（三）日志记录

防火墙能记录下经过防火墙的访问行为，包括内、外网进出的情况。一旦网络发生了入侵或者遭到破坏，就可以对日志进行审计和查询。

（四）安全管理

通过以防火墙为中心的安全方案配置，能将所有安全措施（如密码、加密、身份认证和审计等）配置在防火墙上。与将网络安全问题分散到各主机上相比，防火墙的这种集中式安全管理更经济、更方便。例如，在网络访问时，一次一个口令系统和其他的身份认证系统完全可以不必分散在各个主机上而集中在防火墙。

（五）内部信息保护

通过利用防火墙对内部网络的划分，可实现内部网络中重点网段的隔离，限制内部网络中不同部门之间互相访问，从而保障了网络内部敏感数据的安全。另外，隐私是内部网络非常关心的问题，一个内部网络中不引人注意的细节，可能包含了有关安全的线索而引起外部攻击者的兴趣，甚至由此暴露了内部网络的某些安全漏洞。例如，Finger(一个查询用户信息的程序）服务能够显示当前用户名单以及用户的详细信息，DNS（域名服务器）能够提供网络中各主机的城名及相应的 IP 地址。防火墙可以隐藏那些透露内部细节的服务，以防止外部用户利用这些信息对内部网络进行攻击。

三、防火墙的类型

有多种方法对防火墙进行分类，从软、硬件形式上可以把防火墙分为软件防火墙、硬件防火墙及芯片级防火墙。

（一）软件防火墙

软件防火墙运行于特定的计算机上，它需要客户预先安装好的计算机操作系统的支持，一般来说这台计算机就是整个网络的网关，俗称“个人防火墙”。软件防火墙就像其他的软件产品一样需要先在计算机上安装并做好配置才可以使用。防火墙厂商中做网络版软件防火墙最出名的莫过于 Checkpoint，使用这类防火墙，需要网管对所工作的操作系统平台比较熟悉。

（二）硬件防火墙

硬件防火墙是指“所谓的硬件防火墙”。之所以加上“所谓”二字是针对芯片级防火墙来说的。它们最大的差别在于是否基于专用的硬件平台。目前市场上大多数防火墙都是这种所谓的硬件防火墙，它们都基于 PC 架构，也就是说，它们和普通的家庭用的 PC 没有太大区别。在这些 PC 架构计算机上运行一些经过裁剪和简化的操作系统，最常用的有老版本的 Unix、Linux 和 FreeBSD 系统。值得注意的是，由于此类防火墙采用的依然是别人的内核，因此依然会受到 OS（操作系统）本身的安全性影响。

传统硬件防火墙一般至少应具备三个端口，分别接内网、外网和 DMZ 区（非军事化区），现在一些新的硬件防火墙往往扩展了端口，常见四端口防火墙一般将第四个端口作为配置口、管理端口。很多防火墙还可以进一步扩展端口数目。

（三）芯片级防火墙

芯片级防火墙基于专门的硬件平台，没有操作系统。专有的 ASIC 芯片促使它们比其他种类的防火墙速度更快、处理能力更强、性能更高。做这类防火墙最出名的厂商有 NetScreen、FortiNet、Cisco 等。这类防火墙由于是专用操作系统，因此防火墙本身的漏洞比较少，不过价格相对比较高昂。

防火墙技术虽然出现了许多，但总体来讲可分为“包过滤型”和“应用代理型”两大类。前者以以色列的 Checkpoint 防火墙和美国 Cisco 公司的 PIX 防火墙为代表，后者以美国 NAI 公司的 Gauntlet 防火墙为代表。

四、360 木马防火墙

目前市场上有免费的、针对个人计算机用户的安全软件，具有某些防火墙的功能，如 360 木马防火墙。

（一）360 木马防火墙简介

360 木马防火墙是一款专用于抵御木马入侵的防火墙，应用 360 独创的“亿级云防御”，从防范木马入侵到系统防御查杀，从增强网络防护到加固底层驱动，结合先进的“智能主动防御”，多层次全方位地保护系统安全，每天为 3.2 亿 360 用户拦截木马入侵次数峰值突破 1.2 亿次，居各类安全软件之首，已经超越一般传统杀毒软件防护能力。木马防火墙需要开机随机启动，才能起到主动防御木马的作用。

360 木马防火墙属于主动防御安全软件，非网络防火墙（传统简称为防火墙）。360 木马防火墙内置在 360 安全卫士 7.1 及以上版本、360 杀毒 1.2 及以上版本中，完美支持 Windows 7 64 位系统。

（二）360 木马防火墙的特点

传统安全软件“重查杀、轻防护”，往往在木马潜入电脑盗取账号后，再进行事后查杀，即使杀掉了木马，也会残留，系统设置被修改，网民遭受的各种损失也无法挽回。360 木马防火墙则创新出“防杀结合、以防为主”，依靠抢先侦测和云端鉴别，智能拦截各类木马，在木马盗取用户账号、隐私等重要信息之前，将其“歼灭”，有效解决了传统安全软件查杀木马的滞后性缺陷。360 木马防火墙采用了独创的“亿级云防御”技术。它通过对电脑关键位置的实时保护和对木马行为的智能分析，并结合 3 亿 360 用户组成的“云安全”体系，实现了对用户电脑的超强防护和对木马的有效拦截。根据 360 安全中心的测试，木马防火墙拦截木马效果是传统杀毒软件的 10 倍以上。而其对木马的防御能力，还将随 360 用户数的增多而进一步提升。

为了有效防止驱动级木马、感染木马、隐身木马等恶性木马的攻击破坏，360 木马防火墙采用了内核驱动技术，拥有包括网盾、局域网、U 盘、驱动、注册表、进程、文件、漏洞在内的八层“系统防护”，能够全面抵御经各种途径入侵用户电脑的木马攻击。另外，360 木马防火墙还有“应用防护”，对浏览器、输入法、桌面图标等木马易攻击的地方进行防护。木马防火墙需要开机自动启动，才能起到主动防御木马的作用。

（三）系统防护

360 木马防火墙由八层系统防护及三类应用防护组成。系统防护包括网页防火墙、漏洞防火墙、U 盘防火墙、驱动防火墙、进程防火墙、文件防火墙、注册表防火墙、ARP 防火墙。

（1）网页防火墙

网页防火墙主要用于防范网页木马导致的账号被盗，网购被欺诈。用户开启后在浏览危险网站时 360 会予以提示，对于钓鱼网站，360 网盾会提示登录真正的网站。

此外网页防火墙还可以拦截网页的一些病毒代码，包含屏蔽广告、下载后鉴定等功能，如果安装 360 安全浏览器，则可以在下载前对文件进行鉴定，防止下载病毒文件。

（2）漏洞防火墙

微软发布漏洞公告后用户往往不能在第一时间进行更新，此外如果使用的是盗版操作系统，微软自带的 Windows Update 不能使用，360 漏洞修复可以帮助用户在第一时间打上补丁，防止各类病毒入侵电脑。

（3）U 盘防火墙

在用户使用 U 盘过程中进行全程监控，可彻底拦截感染 U 盘的木马，插入 U 盘时可以自动查杀。

（4）驱动防火墙

驱动木马具有很高的权限，破坏力强，通常可以很容易地执行键盘记录、结束进程、强删文件等操作。有了驱动防火墙可以阻止病毒驱动的加载，从系统底层阻断木马，加强系统内核防护。

（5）进程防火墙

在木马即将运行时阻止木马的启动，拦截可疑进程的创建。

（6）文件防火墙

防止木马篡改文件，防止快捷键等指令被修改。

（7）注册表防火墙

对木马经常利用的注册表关键位置进行保护，阻止木马修改注册表，从而达到用于防止木马篡改系统，防范电脑变慢、上网异常的目的。

（8）ARP 防火墙

防止局域网木马攻击导致的断网现象，如果是非局域网用户，不必使用该功能。

（四）应用防护

（1）浏览器防护

锁定所有外链的打开方式，打开此功能可以保证所有外链均使用用户设置的默认浏览器打开，该功能不会对任何文件进行云引擎验证。

（2）输入法防护

当有程序试图修改注册表中输入法对应项时，360 木马防火墙会对操作输入法注册表的可执行程序及 IME 输入法可执行文件进行云引擎验证。

（3）桌面图标防护

高级防护监控所有桌面图标等相关的修改，提示桌面上的变化。

第四节　系统漏洞与补丁

为什么计算机病毒、恶意程序、木马能如此容易地入侵计算机？系统漏洞是其中的一个主要因素。正确认识系统漏洞，并且重视及时修补系统漏洞，对计算机系统的安全至关重要。

一、操作系统漏洞和补丁简介

（一）系统漏洞

根据唯物史观的认识，这个世界上没有十全十美的东西存在。同样，作为软件界的大鳄微软（Microsoft）生产的 Windows 操作系统同样也不例外。随着时间的推移，它总是会有一些问题被发现，尤其是安全问题。

所谓系统漏洞，就是微软 Windows 操作系统中存在的一些不安全组件或应用程序。黑客们通常会利用这些系统漏洞，绕过防火墙、杀毒软件等安全保护软件，对安装 Windows 系统的服务器或者计算机进行攻击，从而控制被攻击计算机的目的，如冲击波、震荡波等病毒都是很好的例子。一些病毒或流氓软件也会利用这些系统漏洞，对用户的计算机进行感染，以达到广泛传播的目的。这些被控制的计算机，轻则导致系统运行非常缓慢，无法正常使用计算机；重则导致计算机上的用户关键信息被盗窃。

（二）补丁

针对某一个具体的系统漏洞或安全问题而发布的专门解决该漏洞或安全问题的小程序，通常称为修补程序，也叫系统补丁或漏洞补丁。同时，漏洞补丁不限于 Windows 系统，大家熟悉的 Office 产品同样会有漏洞，也需要打补丁。微软公司为提高其开发的各种版本的 Windows 操作系统和 Office 软件的市场占有率，会及时地把软件产品中发现的重大问题以安全公告的形式公布于众，这些公告都有一个唯一的编号。

（三）不补漏洞的危害

在互联网日益普及的今天，越来越多的计算机连接到互联网，甚至某些计算机保持“始终在线”的连接，这样的连接使它们暴露在病毒感染、黑客入侵、拒绝服务攻击以及其他可能的风险面前。操作系统是一个基础的特殊软件，它是硬件、网络与用户的一个接口。不管用户在上面使用什么应用程序或享受怎样的服务，操作系统一定是必用的软件。因此它的漏洞如果不补，就像门不上锁一样危险，轻则资源耗尽，重则感染病毒、隐私尽泄，甚至会产生经济上的损失。

二、操作系统漏洞的处理

当系统漏洞被发现以后，微软会及时发布漏洞补丁。通过安装补丁，就可以修补系统中相应的漏洞，从而避免这些漏洞带来的风险。

有多种方法可以给系统打漏洞补丁，例如，Windows 自动更新、微软的在线升级。各种杀毒、反恶意软件中也集成了漏洞检测及打漏洞补丁功能。下面介绍微软的在线升级及使用 360 安全卫士给系统打漏洞补丁的方法。

（一）微软的在线升级安装漏洞补丁

登录微软的软件更新网站 http：//windows update.microsoft.com，单击页面上的“快速”按钮或者“自定义”按钮，该服务将自动检测系统需要安装的补丁，并列出需要安装更新的补丁。单击“安装更新程序”按钮后，即开始下载安装补丁。

登录微软件更新网站，安装漏洞补丁时，必须开启“Windows 安全中心”中的“自动更新”功能，并且所使用操作系统必须是正版的，否则很难通过微软的正版验证。

（二）使用 360 安全卫士安装漏洞补丁

360 安全卫士中的“修复漏洞”功能相当于 Windows 中的“自动更新”功能，能检测用户系统中的安全漏洞，下载和安装来自微软官方网站的补丁。

要检测和修复系统漏洞，可单击“修复漏洞”标签，360 安全卫士即开始检测系统中的安全漏洞，检测完成后会列出需要安装更新的补丁。单击“立即修复”按钮，即开始下载和安装补丁。

第五节　系统备份与还原

病毒破坏、硬盘故障和误操作等各种原因，都可能会引起 Windows 系统不能正常运行甚至系统崩溃，往往需要重新安装 Windows 系统。成功安装操作系统、安装运行在操作系统上的各种应用程序，短则几个小时，多则几天，所以重装系统是一项费时费力的工作。通常系统安装完成以后，都要进行系统备份。系统发生故障时，利用系统备份进行系统还原。目前常用的备份与还原的方法主要有 Norton Ghost 软件及 Windows 系统（Windows7 以上版本）中的备份与还原工具。

一、用 Ghost 对系统备份和还原

Ghost（General Hardware Oriented System Transfer）是 Symantec 公司的 Norton 系列软件之一，其主要功能如下：能进行整个硬盘或分区的直接复制；能建立整个硬盘或分区的镜像文件，即对硬盘或分区备份，并能用镜像文件恢复还原整个硬盘或分区等。这里的分区是指主分区或扩展分区中的逻辑盘，如 C 盘。

利用 Ghost 对系统进行备份和还原时，Ghost 先为系统分区如 C 盘生成一个扩展名为 gho 的镜像文件，当以后需要还原系统时，再用该镜像文件还原系统分区，仅仅需要几十分钟，就可以快速地恢复系统。

在系统备份和还原前应注意如下事项：

第一，在备份系统前，最好将一些无用的文件删除以减少 Ghost 文件的体积。通常无用的文件有 Windows 的临时文件夹、IE 临时文件夹、Windows 的内存交换文件，这些文件通常要占去 100 多兆硬盘空间。

第二，在备份系统前，整理目标盘和源盘，以加快备份速度。在备份系统前及恢复系统前，最好检查一下目标盘和源盘，纠正磁盘错误。

第三，在选择压缩率时，建议不要选择最高压缩率，因为最高压缩率非常耗时，而压缩率又没有明显提高。

第四，在恢复系统时，最好先检查一下要恢复的目标盘是否有重要的文件还未转移，千万不要等硬盘信息被覆盖后才后悔莫及。

第五，在新安装了软件和硬件后，最好重新制作映像文件，否则很可能在恢复后出现一些莫名其妙的错误。

下面以 Ghost 32 11.0 版本为例，简述利用 Ghost 进行系统备份和还原的方法。

（一）系统备份

利用 Ghost 进行系统备份的操作步骤如下：

（1）用光盘或 U 盘启动操作系统 PE 版，执行 Ghost，在出现的“About Symantec Ghost”对话框中单击“OK”按钮。

（2）执行“Locea（本地）”|“Partition（分区）”|“To Image（生成镜像文件）”命令，打开“Select local source drive by clicking on the drive number（选择要制作镜像文件所在分区的硬盘）”对话框。

（3）由于计算机系统中只有一个硬件盘，所以这里选择 Drivel 作为要制作镜像文件所在分区的硬盘，单击“OK”按钮，打开“Select source partitions from Basic drive: 1（选择源分区）”对话框，该对话框列出了 Drivel 硬盘主分区和扩展分区中的各个逻辑盘及其文件系统类型、卷标、容量和数据已占用空间的大小等信息。

（4）列出了 3 个逻辑盘，即主分区中的卷标为“WinXP”、扩展分区中卷标为“DISKD”及扩展分区中卷标为“DISKE”的分区。这里选择 Part 1（C 逻辑盘），作为要制作镜像文件所在的分区，单击“OK”按钮，打开“File name to copy image to（指定镜像文件名）”对话框。

（5）选择镜像文件的存放位置“D：1.2：[DISKD]NTFS drive”，“1.2”的意思是第一个硬盘中的第二个逻辑盘（D 盘）；输入镜像文件的文件名“system back”。

（6）单击“Save”按钮，打开选择 Compress Image（1916）压缩方式对话框。有 3 个按钮表示 3 种选择：“No”（不压缩），“Fast”（快速压缩）和“High（高度压缩）”。高度压缩可节省磁盘空间，但备份速度相对较慢，而不压缩或快速压缩虽然占用磁盘空间较大，但备份速度较快，不压缩最快，这里选择“Fast”。

（二）系统备份的还原

利用备份的镜像文件可恢复分区到备份时的状态，目标分区可以是原分区，也可以是容量大于原分区的其他分区，包括另一台计算机硬盘上的分区。

利用 Ghost 进行系统备份的还原操作步骤如下：

（1）用光盘或 U 盘启动操作系统，执行 Ghost，在出现的“About Symantec Ghost”对话框中单击“OK”按钮。

（2）执行“Local（本地）”|“Parition（分区）”|“From Image（从镜像文件中恢复）”命令，打开“Image file name to restore from（选择要恢复的镜像文件）”对话框。

（3）选定要恢复的镜像文件“system back GHO”后，单击“Open”按钮，打开“Select source partition from image file（从镜像文件中选择源分区）”对话框。该对话框列出了镜像文件中所包含的分区信息，可以是一个分区，也可以是多个不同的分区。

二、用 VHD 技术进行系统备份与还原

用 Ghost 对系统备份和还原时，不能在操作系统本身运行时进行，必须用第三方软件 Windows PE 启动系统后再进行备份和还原，比较麻烦。从 Windows 7 开始，用户可以通过 VHD 技术在控制面板里为 Windows 创建完整的系统映像，选择将映像直接备份在硬盘上、网络中的其他计算机或者光盘上。

VHD（Virtual Hard Disk）的中文名为虚拟硬盘。VHD 其实应该被称作 VHD 技术或 VHD 功能，就是能够把一个 VHD 文件虚拟成一个硬盘的技术，VHD 文件的扩展名是 vhd，一个 VHD 文件可以被虚拟成一个硬盘，在其中可以如在真实硬盘中一样操作：读取、写入、创建分区、格式化。

VHD 最早称为 VPC（Windows Virtual PC，微软出品的虚拟机软件）。VHD 是 VPC 创建的虚拟机的一部分，如同硬盘是电脑的一部分，VPC 虚拟机里的文件存放在 VHD 上如同电脑里的文件存在硬盘上，然后 VHD 被用于 Windows Vista 完整系统备份，就是将完整的系统数据保存在一个 VHD 文件之中（Windows 7 以后的版本继承了此功能），在 Windows 7 出现之前 VHD 一直默默无闻如小家碧玉不为人所知，但随着 Windows 7 的横空出世，VHD 开始崭露头角乃至大放异彩。

由于 Windows 7 已将 WinRE（Windows Recovery Environment）集成在了系统分区，这使它的还原和备份一样容易实现。也就是说，Windows 7 以上版本的操作系统可以不需要用第三方软件 Windows PE 启动后对系统进行备份和还原。

（一）创建 Windows 7 的系统映像

利用 VHD 创建 Windows 7 的系统映像的操作步骤如下：

（1）打开控制面板，执行“备份与还原”|“创建系统映像”命令，打开“创建系统映像”对话框。

一般情况下，Windows 7 会自动扫描磁盘以帮助用户选择系统备份的目标分区，用户也可指定系统备份的目标分区。

（2）单击“下一步”按钮，选择用户需要进行备份的系统分区。默认情况下，Windows 会自动选中系统所在分区，其他分区处于可选择状态。

（3）这里只需要选择系统分区，继续单击“下一步”按钮。

（4）单击“开始备份”按钮，Windows 开始进行备份工作。此备份过程完全在 Windows 下进行。

（5）在映像创建完毕后，Windows 会询问是否创建系统启动光盘。这个启动光盘是一个最小化的 Windows PE，用于用户在无法进入 Win RE 甚至连系统安装光盘都丢

失的情况下恢复系统使用。

（6）单击“否”命令按钮，完成系统映像的创建。

Windows 7 创建的映像文件存放在名为“Windows Image Back up”的文件夹下，内部文件夹以备份时的计算机名命名。在使用 Win RE 进行映像还原时，Windows 会查找这两个文件夹的名称，用户可以改变 Windows Image Back up 存放的位置，但是不可以改变它的名称。

Windows 7 的映像文件是以 vhd 的形式存在的，vhd 是微软的虚拟机 Virtual PC 的文件类型。

（二）使用 Windows 7 内置的 Win RE 还原

备份完成后就可以方便地对系统进行还原，还原方法有使用控制面板中的“备份和还原”工具还原、使用 Windows 7 内置的 Win RE 还原及 Windows 7 系统盘引导还原，这里介绍第二种还原方法：使用 Windows 7 内置的 Win RE 还原。

由于 Windows 7 已经把 Win RE（Windows Recovery Environment）集成在了系统所在分区，这使得 Windows 的还原过程也变得非常轻松。当系统受损或计算机无法进入系统时，可以按以下步骤轻松还原计算机：

（1）开机预启动时按 F8 功能键进入高级启动选项，选择“修复计算机”命令后，按回车进入 Win RE。

（2）在打开的“系统恢复选项”对话框中，选择默认的键盘输入方式后，单击“下一步”命令按钮。

（3）在打开的“系统恢复选项”对话框中，选择系统备份时的用户名和密码后，单击“确定”命令按钮。

（4）在打开的“系统恢复选项”对话框中，选择恢复工具，Win RE 提供了多项实用的系统修复工具。现在的目的是为了从映像还原计算机，因此选择“系统映像恢复”命令。

第四章 计算机新技术

随着计算机技术的飞速发展，计算机已经全面的进入到各个家庭之中关系到人们生活的方方面面，但是目前的网络环境还存在着一些安全性的问题，人们使用计算机网络，网络安全成为人们关心的一个问题，所以本文针对目前的网络安全缺陷，对目前的计算机网络安全信息新技术进行探索，本章将对探索计算机新技术进行分析。

第一节 认识云计算技术

云计算（cloud computing），分布式计算技术的一种，其最基本的概念，是通过网络将庞大的计算处理程序自动分拆成无数个较小的子程序，再交由多部服务器所组成的庞大系统经搜寻计算分析之后将处理结果回传给用户。稍早之前的大规模分布式计算技术即为云计算的概念起源。

一、技术应用

透过这项技术，网络服务提供者可以在数秒之内，达成处理数以千万计甚至亿计的信息，达到和“超级计算机”同样强大效能的网络服务。最简单的云计算技术在网络服务中已经随处可见，例如搜寻引擎、网络信箱等，使用者只要输入简单指令即能得到大量信息。

未来如手机、GPS 等行动装置都可以透过云计算技术，发展出更多的应用服务。进一步的云计算不仅只做资料搜寻、分析的功能，未来如分析 DNA 结构、基因图谱定序解析癌症细胞等，都可以透过这项技术轻易达成。

如果仅仅如此那么云计算和其他计算（如网格计算、分布式计算）还有何种不同呢?答案当然是云计算的应用。还不仅仅如此，网格计算是针对特定的需求，采用分布式计算的模式来处理用户请求，在短时间内做出响应，且结果不依赖于单个参与计算的计算机。因此它的应用就很厉害了，包括如上所说分析DNA结构等。而云计算是你需要什么资源，在某个国家级的地点的云下经过协商、付费之后。相应的就能获得什么资源，来解决你的“任何”请求，或者公司的，或者国家的。此时当请求数增多的时候，添加额外的付费即可获得额外的资源来处理你的请求，即费用是和使用的资源成正比的。也就是说任何需要，计算都可以为你解决。小到需要使用特定软件，大到模拟卫星的周期轨道，以及数据的存储、公司的管理。对人们生活方式的影响等应用可以说包含了你能想到的和你想不到的。而一切的资源，你想要得到的方式很简单，只需要提供合理的费用即可。这就是云计算的威力!

二、挑战展望

云计算技术的发展面临一系列的挑战,如使用云计算来完成任务能够获得哪些优势;可以实施哪些策略、做法或立法来支持或限制云计算的采用，如何提供有效的计算和提高存储资源的利用率；对云计算和传输中的数据以及静止状态的数据，将有哪些独特的限制；安全需求有哪些；提供可信环境都需要些什么。此外，云计算虽然给企业和个人用户提供了创造更好的应用和服务的机会，但同时也给了黑客机会。云计算宣告了低成本提供超级计算服务的可能，使黑客投入极少的成本，就能获得极大的网络计算能力，一旦这些云被用来破译各类密码、进行各种攻击，将会给用户的数据安全带来极大的危险。所以，在这些安全问题和危险因素被有效控制之前，云计算很难得到彻底的应用和接受。

云计算将对互联网应用、产品应用模式和IT产品开发方向产生影响。云计算技术是未来技术的发展趋势，也是包括Google在内的互联网企业前进的动力和方向，未来主要朝以下3个方向发展。

手机上的云计算。计算技术提出后，对客户终端的要求大大降低，瘦客户机将成为今后计算机的发展趋势。瘦客户机通过云计算系统可以实现目前超级计算机的功能，而手机就是一种典型的瘦客户机，计算技术和手机的结合将实现随时、随地、随身的高性能计算。

计算时代资源的融合。云计算最重要的创新，是将软件、硬件和服务共同纳入资源池，三者紧密地结合起来融合为一个不可分割的整体，并通过网络向用户提供恰当的服务。网络带宽的提高为这种资源融合的应用方式提供了可能。

计算的商业发展。最终人们可能会像缴水电费那样去为自己得到的计算服务缴费。这种使用计算机的方式对于诸如软件开发企业、服务外包企业、科研单位等对大数据计算存在需求的用户来说无疑具有相当大的诱惑力。

第二节　培养大数据思维

近几年来，“大数据”已经成了最热门的词汇，大数据的浪潮正声势浩大地出现在日常的生活中。面对大数据，其海量、混杂等特征会使预设的数据库系统崩溃。实际上，数据的纷繁杂乱才真正呈现出世界的复杂性和不确定性特征。面对大数据时代的扑面而来，我们应该正视大数据，转变思维，培养一种大数据思维方式。在学习大数据时如何培养“大数据思维”？

在“大数据”时代，数据不仅仅由互联网产生，汽车、物流、工业设备、道路交通监控等设备上装有无数的传感器，产生的数据信息也是海量的，传统的数量级已经无法衡量如今社会各行各业产生的庞大数据了。

从“样本数据”到“全量数据”，采样分析的精确性随着采样随机性的增加而大幅提高，但与样本数量的增加关系不大。随机样本的基础是采样的绝对随机性，随机样本带给我们的只能是事先预设问题的答案。这种缺乏延展性的结果，无疑会使我们错失更多的机会。大数据时代，数据的收集问题不再成为我们的困扰，采集全量的数据成为现实。全量数据带给我们视角上的宏观与高远，这将使我们可以站在更高的层级全貌看待问题，见曾经被淹没的数据价值，发现藏匿在整体中有趣的细节。因为拥有全部或几乎全部的数据，就能使我们获得从不同的角度更细致更全面地观察研究数据的可能性，从而使大数据的分析过程成为惊喜的发现过程和问题域的拓展过程。数据算法的不断简化算法是挖掘数据价值的工具，因此算法的研究一直以来是提升数据利用效率的重要路径。小数据时代，在数据的限制无法突破的情形下，对数据信息和价值的获取渴求使得对算法的研究越来越深入，发明的算法越来越复杂。事实表明，当数据量以指数级扩张时，原来在小数量级的数据中表现很差的简单算法，准确率会大幅提高；与之相反的是，在少量数据情况下运行得最好的复杂算法，在加入更多数据时，其算法的优势则不再显现。为此，更多的数据比算法系统显得更智能更重要，大数据的简单算法比小数据的复杂算法更有效。从 IT 到大数据可视化等应用技术服务，大数据需要新处理模式才能具有更强的决策力、洞察发现力和流程优化能力。大数据分析相比于传统的数据仓库应用，有数据量大、查询分析复杂的特点。因而，企业在接受大数据的同时，通过接受相关的大数据可视化等应用技术服务，改变企业内部的 IT 基础结构，有基础数据直接到数据分析结果的可视化展现。数据可视化分析通过交互可视化和可视化分析的前沿算法和新方法，给企业带来的是全方位的数据信息和决策驱动依据，借助可视化的直观展现效果，让洞察更高效快速、决策行动更敏捷畅通。目前大数据可视化分析产品服务也伴随着大数据的爆发而日渐兴起，国外很多此类软件已慢慢走向成熟，如 tableau、IBM 大数据平台、splunk 等，而国内也兴起了诸多类似产品，有代表性的有国云数据研发的大数据魔镜，国内在这一块还在起步期。大数据时代，我们需要摆脱对传统的思维模式和隐含的假定，通过大数据分析、大数据可视化等应用服务技术，大数据会为我们呈现出新的深刻洞见和释放出巨大的价值。我们在大数据思维方式的指导下探索世界，以积极的姿态随时接收着来自数据的洞察，做出快速的决策与行动，从而最大化地挖掘出大数据的价值。可以预见的未来必然是，大数据思维者得大数据天下。

第三节　触摸人工智能

人工智能（Arificial Itelligence），英文缩写为 AI。它是研究、开发用于模拟、延伸和扩展人的智能的理论、方法、技术及应用系统的一门新的技术科学。

人工智能是计算机科学的一个分支，它企图了解智能的实质，并生产出一种新的能与人类智能相似的方式做出反应的智能机器，该领域的研究包括机器人、语言识别、图像识别、自然语言处理和专家系统等。人工智能从诞生以来，理论和技术日益成熟，应用领域也不断扩大，可以设想，未来人工智能带来的科技产品，将会是人类智慧的“容器”。人工智能可以对人的意识、思维的信息过程进行模拟。人工智能不是人的智能，但能像人那样思考，也可能超过人的智能。人工智能是一门极富挑战性的科学，从事这项工作的人必须懂得计算机知识、心理学和哲学。

人工智能是包括十分广泛的科学，它由不同的领域组成，如机器学习、计算机视觉等等，总地说来，人工智能研究的一个主要目标是使机器能够胜任一些通常需要人类智能才能完成的复杂工作。但不同的时代、不同的人对这种“复杂工作”的理解是不同的。2017 年 12 月，人工智能入选“2017 年度中国媒体十大流行语”。2021 年 9 月 25 日，为促进人工智能健康发展，《新一代人工智能伦理规范》发布。

一、定义详解

人工智能的定义可以分为两部分，即“人工”和“智能”。人工比较好理解，争议性也不大。有时我们会考虑什么是人力所能制造的，或者人自身的智能程度有没有到可以创造人工智能的地步等。但总地来说，“人工系统”就是通常意义下的人工系统。

关于什么是“智能”，就问题多多了。这涉及其他诸如意识（CONSCIOUSNESS）、自我（SELF）、思维（MIND）[包括无意识的思维（UNCONSCIOUSMIND）] 等问题。

人唯一了解的智能是人本身的智能，这是普遍认同的观点。但是我们对我们自身智能的理解都非常有限，对构成人的智能的必要元素也了解有限，所以就很难定义什么是“人工”制造的“智能”了。因此人工智能的研究往往涉及对人的智能本身的研究。其他关于动物或其他人造系统的智能也普遍被认为是人工智能相关的研究课题。

人工智能在计算机领域内，得到了愈加广泛的重视。并在机器人、经济政治决策、控制系统中得到应用。

尼尔逊教授对人工智能下了这样一个定义：“人工智能是关于知识的学科——怎样表示知识以及怎样获得知识并使用知识的科学。”而另一个美国麻省理工学院的温斯顿教授认为：“人工智能就是研究如何使计算机去做过去只有人才能做的智能工作。”这些说法反映了人工智能学科的基本思想和基本内容。即人工智能是研究人类智能活动的规律，构造具有一定智能的人工系统，研究如何让计算机去完成以往需要人的智力才能胜任的工作，也就是研究如何应用计算机的软硬件来模拟人类某些智能行为的基本理论、方法和技术。

人工智能是计算机学科的一个分支，20 世纪 70 年代以来被称为世界三大尖端技术之一（空间技术、能源技术、人工智能）。也被认为是 21 世纪三大尖端技术（基因工程、纳米科学、人工智能）之一。这因为近 30 年来它获得了迅速的发展，在很多学科领域都获得了广泛应用，并取得了丰硕的成果，人工智能已逐步成为一个独立的分支，无论在理论和实践上都已自成一个系统。

人工智能是研究使计算机来模拟人的某些思维过程和智能行为（如学习、推理、思考规划等）的学科，主要包括计算机实现智能的原理、制造类似于人脑智能的计算机，使计算机能实现更高层次的应用。人工智能将涉及计算机科学、心理学、哲学和语言学等学科。可以说几乎是自然科学和社会科学的所有学科，范围已远远超出了计算机科学的范畴，人工智能与思维科学的关系是实践和理论的关系，人工智能是处于思维科学的技术应用层次的一个应用分支。

从思维观点看，人工智能不仅限于逻辑思维，要考虑形象思维、灵感思维才能促进人工智能的突破性的发展，数学常被认为是多种学科的基础科学，数学也进入语言、思维领域，人工智能学科也必须借用数学工具，数学不仅在标准逻辑、模糊数学等范围发挥作用，数学进入人工智能学科，它们将互相促进而更快地发展。

二、研究价值

例如，繁重的科学和工程计算本来是要人脑来承担的，如今计算机不但能完成这种计算，而且能够比人脑做得更快、更准确，因此当代人已不再把这种计算看作是“需要人类智能才能完成的复杂任务”，可复杂工作的定义是随着时代的发展和技术的进步而变化的，人工智能这门科学的具体目标也自然随着时代的变化而发展。它一方面不断获得新的进展，另一方面又转向更有意义、更加困难的目标。

通常，“机器学习”的数学基础是“统计学”“信息论”和“控制论”，还包括其他非数学学科。这类“机器学习”对经验的依赖性很强。计算机需要不断从解决一类问题的经验中获取知识、学习策略，在遇到类似的问题时，运用经验知识解决问题并积累新的经验，就像普通人一样。我们可以将这样的学习方式称之为连续型学习。但人类除了会从经验中学习之外，还会创造，即“跳跃型学习”。这在某些情形下被称为“灵感”或“顿悟”。计算机最难学会的就是“顿悟”。因为，这里的“实践”并非同人类一样的实践。人类的实践过程同时包括经验和创造。

这是智能化研究者梦寐以求的东西。

2013年，帝金数据普数中心数据研究员S.C WANG开发了一种新的数据分析方法，该方法导出了研究函数性质的新方法。作者发现，新数据分析方法给计算机学会创造提供了一种方法。本质上，这种方法为人的“创造力”的模式化提供了一种相当有效的途径。这种途径是数学赋予的，普通人无法拥有但计算机可以拥有的“能力”。从此，计算机不仅精于算，还会因精于算而精于创造。计算机学家应该斩钉截铁地剥夺“精于创造”的计算机过于全面的操作能力，否则计算机有一天真的会“反捕人类”。

当回头审视新方法的推演过程和数学的时候，作者拓展了对思维和数学的认识。数学简洁、清晰，可靠性、模式化强。在数学的发展史上，处处闪耀着数学大师创造力的光辉。这些创造力以各种数学定理或结论的方式呈现出来，而数学定理最大的特点就是：建立在一些基本的概念和公理上，以模式化的语言方式表达出来的包含丰富信息的逻辑结构。应该说，数学是最单纯、最直白地反映着创造力模式的学科。

第四节 玩转虚拟现实

虚拟现实技术（英文名称：Virtual Reality，缩写为VR），是20世纪发展起来的一项全新的实用技术。虚拟现实技术囊括计算机、电子信息仿真技术，其基本实现方式是计算机模拟虚拟环境，从而给人以环境沉浸感。随着社会生产力和科学技术的不断发展，各行各业对VR技术的需求日益旺盛。VR技术也取得了巨大进步，并逐步成为一个新的科学技术领域。

一、简介

所谓虚拟现实，顾名思义，就是虚拟和现实相互结合。从理论上来讲，虚拟现实技术（VR）是一种可以创建和体验虚拟世界的计算机仿真系统，它利用计算机生成一种模拟环境，使用户沉浸到该环境中。虚拟现实技术就是利用现实生活中的数据，通过计算机技术产生的电子信号，将其与各种输出设备结合，使其转化为能够让人们感受到的现象，这些现象可以是现实中真真切切的物体，可以是我们肉眼所看不到的物质，通过三维模型表现出来。因为这些现象不是我们直接所能看到的，而是通过计算机技术模拟出来的现实中的世界，故称为虚拟现实。

虚拟现实技术受到了越来越多人的认可，可以在虚拟现实世界体验到最真实的感受，其模拟环境的真实性与现实世界难辨真假，让人有种身临其境的感觉；同时，虚拟现实具有一切人类所拥有的感知功能，比如听觉、视觉、触觉、味觉、嗅觉等感知系统；最后，它具有超强的仿真系统，真正实现了人机交互，使人在操作过程中，可以随意操作并且得到环境最真实的反馈。正是虚拟现实技术的存在性、多感知性、交互性等特征使它受到了许多人的喜爱。

二、特征

1. 沉浸性

沉浸性是虚拟现实技术最主要的特征，就是让用户成为并感受到自己是计算机系统所创造环境中的一部分，虚拟现实技术的沉浸性取决于用户的感知系统，当使用者感知到虚拟世界的刺激时，包括触觉、味觉、嗅觉、运动感知等，便会产生思维共鸣，造成心理沉浸，感觉如同进入真实世界。

2. 交互性

交互性是指用户对模拟环境内物体的可操作程度和从环境得到反馈的自然程度，使用者进入虚拟空间，相应的技术让使用者跟环境产生相互作用，当使用者进行某种操作时，周围的环境也会做出某种反应。如使用者接触到虚拟空间中的物体，那么使用者应该能够感受到，若使用者对物体有所动作，物体的位置和状态也应改变。

3. 多感知性

多感知性表示计算机技术应该拥有很多感知方式，比如听觉、触觉、嗅觉等。理想的虚拟现实技术应该具有一切人所具有的感知功能。由于相关技术，特别是传感技术的限制，目前大多数虚拟现实技术所具有的感知功能仅限于视觉、听觉、触觉、运动等几种。

4. 构想性

构想性也称想象性，使用者在虚拟空间中，可以与周围物体进行互动，可以拓宽认知范围，创造客观世界不存在的场景或不可能发生的环境。构想可以理解为使用者进入虚拟空间，根据自己的感觉与认知能力吸收知识、发散拓宽思维、创立新的概念和环境。

5. 自主性

自主性是指虚拟环境中物体依据物理定律动作的程度。如当受到力的推动时，物体会向力的方向移动，或翻倒或从桌面落到地面等。

第五节　解密区块链技术

区块链（Block chain）是一个信息技术领域的术语。从本质上讲，它是一个共享数据库，存储于其中的数据或信息，具有“不可伪造”“全程留痕”“可以追溯”“公开透明”“集体维护”等特征。由于这些特征，区块链技术奠定了坚实的“信任”基础，创造了可靠的“合作”机制，具有广阔的运用前景。

2019 年 1 月 10 日，国家互联网信息办公室发布《区块链信息服务管理规定》。“区块链”已走进大众视野，成为社会的关注焦点。

一、起源

区块链起源于比特币。2008 年 11 月 1 日，一位自称中本聪（Satoshi Nakamoto）的人发表了《比特币：一种点对点的电子现金系统》一文，阐述了基于 P2P 网络技术、加密技术、时间戳技术、区块链技术等的电子现金系统的构架理念，这标志着比特币的诞生。两个月后理论步入实践，2009 年 1 月 3 日第一个序号为 0 的创世区块诞生。几天后 2009 年 1 月 9 日出现序号为 1 的区块，并与序号为 0 的创世区块相连接形成了链，标志着区块链的诞生。

近年来，世界对比特币的态度起起落落，但作为比特币底层技术之一的区块链技术日益受到重视。在比特币形成过程中，区块链一个个的存储单元，记录了一定时间内各个区块节点全部的交流信息。各个区块之间通过随机散列（也称哈希算法）实现链接，后一个区块包含前一个区块的哈希值，随着信息交流的扩大，一个区块与一个区块相继接续，形成的结果就叫区块链。

二、概念定义

什么是区块链？从科技层面来看，区块链涉及数学、密码学、互联网和计算机编程等很多科学技术问题。从应用视角来看，简单来说，区块链是一个分布式的共享账本和数据库，具有去中心化、不可篡改、全程留痕、可以追溯、集体维护、公开透明等特点。这些特点保证了区块链的“诚实”与透明，为区块链创造信任奠定了基础。区块链丰富的应用场景，基本上都基于区块链能够解决信息不对称问题，实现多个主体之间的协作信任与一致行动。

区块链是分布式数据存储、点对点传输、共识机制、加密算法等计算机技术的新型应用模式。区块链，比特币的一个重要概念，它本质上是一个去中心化的数据库，同时作为比特币的底层技术，是一串使用密码学方法相关联产生的数据块，每一个数据块中包含了一批次比特币网络交易的信息，用于验证其信息的有效性（防伪）和生成下一个区块。比特币白皮书英文原版 4 并未出现 block chain 一词，而是使用的 chain of blocks。最早的比特币白皮书中文翻译版中，将 chain of blocks 翻译成了区块链。这是“区块链”这一中文词最早的出现时间。

国家互联网信息办公室 2019 年 1 月 10 日发布《区块链信息服务管理规定》，自 2019 年 2 月 15 日起施行。作为核心技术自主创新的重要突破口，区块链的安全风险问题被视为当前制约行业健康发展的一大短板，频频发生的安全事件为业界敲响了警钟。拥抱区块链，需要加快探索建立适应区块链技术机制的安全保障体系。

三、类型

1. 公有区块链

公有区块链（Public Block Chains）是指世界上任何个体或者团体都可以发送交易，且交易能够获得该区块链的有效确认，任何人都可以参与共识过程。公有区块链是最早的区块链，也是应用最广泛的区块链，各大 bitcoins 系列的虚拟数字货币均基于公有区块链，世界上有且仅有一条该币种对应的区块链。

2. 联合（行业）区块链

行业区块链（Consortium Block Chains）：某个群体内部指多个预选的节点为记账人，每个块的生成由所有的预选节点共同决定（预选节点参与共识过程），其他接入节点可以参与交易，但不过问记账过程（本质上还是托管记账，只是变成分布式记账，预选节点的多少、如何决定每个块的记账者成为该区块链的主要风险点），其他任何人可以通过该区块链开放的 API 进行限查询。

3. 私有区块链

私有区块链（Private Block Chains）：仅仅使用区块链的总账技术进行记账，可以是一个公司，也可以是个人，独享该区块链的写入权限，本链与其他的分布式存储方案没有太大区别。传统金融都是想实验尝试私有区块链，而公链的应用，如 bitcoin 已经工业化，私链的应用产品还在摸索当中。

第五章　计算机虚拟现实技术

第一节　计算机虚拟现实关键技术

计算机技术的快速发展与应用，是当今社会进步的重要组成部分。计算机虚拟现实技术，能够真正实现数字化人机交互，还原最真实的视、听、触感。为了能够更好地对计算机虚拟现实技术进行研究，本节从虚拟技术概念入手，就其发展现状和趋势进行分析，通过目前计算机虚拟现实技术在各行业的应用，最大化地挖掘虚拟现实技术的潜力和价值。

虚拟现实（Virtual Reality）简称 VR，顾名思义，就是利用高性能计算机进行复杂的运算和渲染，虚拟出与现实相同的空间技术，其手段就是对用户的身体到心理等进行多方面模拟与仿真，使其达到身临其境的效果。该技术得益于计算机技术的迅猛发展，借助虚拟软件和硬件资源，在当前社会取得发展优势和应用前景。

一、计算机虚拟技术概述

计算机虚拟技术作为一种仿真技术，能够虚拟出逼真的现实场景，但这个环境不是真实存在的。VR 技术在实际应用中，主要借助计算机技术构建虚拟环境，模型建构是虚拟环境的基础，可以增加真实感，往往视觉冲击也是用户的第一手体验。计算机虚拟技术将真实环境转化到计算机中，并创造出虚拟环境。在真实环境中，视听触感对人的身心有着重要影响，通过交互设备将虚物转为实化，变成看得见摸得着的，获得真实的体验。交互设备是虚拟和现实的桥梁，在空间、视听触觉上，通过交互设备，增强真实感、沉浸感，极大地还原虚拟环境的真实度。

二、计算机虚拟现实技术的发展现状和趋势

以计算机技术为平台发展，虚拟现实技术目前有着强大的资源和拓展空间。计算机

行业的突破式进步，强有力地推动虚拟现实技术发展，但就目前实际的发展现状来看，虚拟现实技术发展存在时间较短、应用率较低、使用成本较高等问题，导致其仍处于发展的初级阶段。例如，当前虚拟现实技术的研究和分析，主要还是集中在硬件、互动感知、软件等方面，虚拟现实技术，要想实现成熟应用还较为困难。例如，一般情况下，在建模与绘制过程中，都会在提高绘制的速度与建模质量上找到平衡点，而这正是影响用户感知的因素之一。虽然虚拟现实技术在不断进步，但机遇与挑战是并存的。虚拟现实技术是多种先进技术的融合与应用，整体上较为先进。因此虚拟现实技术在社会中具有良好的发展优势和前景，服务于多种工作环境中，为人类的生产生活提供便利。

三、计算机虚拟现实技术的应用

计算机虚拟现实技术在游戏行业中的应用。虚拟现实技术是游戏行业发展的重要组成部分。例如，从电脑游戏的诞生，人们一直渴望游戏中的场景更加真实。但无论如何，电脑屏幕始终是阻隔真实场景的一道墙。例如，虚拟现实技术影响游戏行业的发展趋势，仿真技术提高游戏的真实感，游戏开发商可以将精力投入其他方向。第一，虚拟现实技术具有强烈的代入感与真实性，调动用户多感知性，延展用户的想象力，给予丰富的想象空间，打开脑洞，极大地增强用户的趣味性。从真实场景到虚幻世界，都可以呈现在用户面前，弥补传统游戏在视听触方面的不足，给人身临其境的游戏体验。第二，虚拟现实技术将用户代入游戏设定的虚拟环境中，在高逼真的虚拟环境下，降低用户在游戏中的不适感，用户则完全融入对游戏中情境的感触与认知，从各个角度对其进行分析体会，增加游戏性。第三，虚拟现实技术中借助交互设备，增加了用户在游戏中对物体的可操控程度，以及从游戏环境到反馈的自然程度。这就更增强了虚拟环境中的游戏性与真实性，当用户身处游戏环境中，用手去抓或用脚去踢物品时，它带来的触感和操作感会使用户全身心地融入其中，如同你的手脚一般灵活自如，通过你的操作改变一切。总之，给用户很强的游戏性和真实感。第四，随着我国游戏事业的不断发展，手游凭借手机平台优势，呈现出很高的发展趋势，虚拟现实技术在游戏中的应用，能够为客户端游戏以及手游带来新的机遇，促进游戏行业的健康发展与进步。

计算机虚拟现实技术在教育行业中的应用。在一般教学活动中，教师仅依靠肢体、语言或文字展开教学。但实际上，在一些复杂的教学中，简单的表述往往无法使学生充分地理解消化。利用计算机虚拟技术，不仅能激发学生的学习兴趣，还让教学内容更加生动形象，便于学生的学习理解。例如，这一技术在教育行业的应用，丰富了传统的教育手段，使得教学更加生动有趣，利用 VR 技术让学生参与进来，推进式辅导教学，提高学生的学习兴趣，从而提高学生学习知识的积极性和主动性。此外，虚拟技术突破了传统教学的时空限制，可以合理分配教学资源，促进教育事业的发展。

计算机虚拟现实技术在医学行业中的应用。在医学行业中，医生往往依靠传统手段了解和治疗患者的病痛。但传统手段有着其局限性，并不能直观了解患者的身体情况，从而增加治疗的时间和难度。例如，利用虚拟现实技术，通过借助感觉手套、跟踪球、HMD 等技术手段更加直观地了解人体的内部构造，这样临床医生在对患者的诊断和治疗中，能够更准确了解患者的患病情况。除此之外，对实习外科医生，可以真实模拟手术情境，积累手术经验，对提升技术能力有着极大的作用。在真正的手术前，虚拟现实技术可以让医生身历其境，直观感受患者的身体构造，制定最完善手术预案和最佳治疗方案，更加精准定位病害位置，降低手术带来的风险。同时患者与家属也可以更加直观地了解病处，增强患者和家属的治疗信心，在促进患者康复的同时降低医患关系紧张带来的影响，促进医学行业稳定健康发展。

计算机虚拟现实技术在军事航空中的应用。在军事航空事业中，模拟练习一直是该事业发展的关键。传统的模拟训练对人力物力的消耗巨大，而虚拟现实技术应用在这一领域能为其发展提供良好的前景。例如，在单兵作战中，可以模拟不同的作战场景，产生沉浸式的作战感受，使士兵身临其境一般体验战斗感，增强士兵的作战意识和作战能力，提高战术水平和心理素质。在军事训练中，虚拟现实技术可以构建出真实的战场环境，这样参照人员可以通过交互设备进行模拟演习，提高训练质量和演习效果。此外，在航天航空中虚拟现实技术也得到了较大的应用，首先航空事业耗资较大，工作性质具有较强的危险性。通过虚拟现实技术模拟各种已知和未知环境，通过大量的模拟训练将事故的发生概率降到最低，这样不仅降低科研成本，还能系统地训练及时发现问题。同时，虚拟现实技术还可以模拟太空环境，如零重力等，有效地帮助宇航员进行训练，丰富训练的方法手段，提升训练的质量和效率。

计算机模拟现实技术在工业技能培训中的应用。工业作为我国的支柱型产业，在去产能时期，对工作人员的工业技能提出了更高要求，工业企业需要完成对工作人员的深度培训工作。但是从工业企业运行的特殊性角度考虑，为了节约培训成本，传统的培训方法主要为理论讲解模式，对施工人员的培训效果较差。

在虚拟现实技术的应用中，以企业中各类生产技术为基础，建成各类设备的展示程序，在人员培训中，根据各类设备的实际故障情况，做出相应的故障表现，让工作人员完成故障诊断工作，并通过手持设备模拟实际操作过程。例如发电厂中发电机故障培训中，可以模拟内容为出现低压缸差胀过大故障，建成的软件中可以展示发电机的震动情况、发出的声音情况及系统以及轴承的转动情况等，要求工作人员按照技术要求完成各项检查工作。

综上所述，虚拟现实技术作为一项高新技术，本身具有十分广阔的市场前景。虚拟现实技术延展了人类对现实世界的认识和感知空间能力，应用领域越来越多，如影视、旅游、科研等，潜力十分巨大。但受技术条件限制，目前虚拟现实技术还存在一系列问题，相信随着科技的不断发展创新，必定会取得更多更好的成绩，希望能够借助虚拟现实技术促进各个领域的发展。

第二节　计算机虚拟现实技术发展

计算机行业的迅猛发展，促使虚拟现实技术也得到了较为明显的发展与进步，虚拟现实技术作为当今时代发展过程中较为先进的一项技术，能够真正实现数字化人机交互，其最为显著的特征则是以交互性、沉浸性以及构想性为主，能够给人一种身临其境之感。为了能够更好地对计算机虚拟现实技术进行研究，本节从虚拟现实技术概念着手，就其在各个行业以及领域之中的应用现状进行分析，然后提出了该技术今后发展的重要趋势，希望能够以此来最大化这一技术的价值。

虚拟现实技术英文名全拼为 Virtual Reality，简称为 VR 技术，这一技术主要是借助于电脑生成的三维虚拟空间，使用这一技术的人能够从中获得听觉、视觉以及触觉等多方面感官模拟，以此来产生一种身临其境之感。这一技术是现如今社会上较为先进的一种技术，集成了计算机仿真技术、显示技术、计算机图形技术、人工智能、传感技术等多项技术成果。我国早在 20 世纪 90 年代就已经开始对虚拟现实技术进行研究，那个时候因为受到技术以及成本等多方面因素的影响，在应用范围上主要以商用或者军用为主，在社会不断发展的过程中，计算机软硬件技术也得到了更为显著的发展，虚拟现实技术因此而得到了进一步的发展与完善，开始逐渐进入大众市场，应用范围也变得越来越普遍。

VR 技术是计算机技术不断发展过程中衍生的一种高新技术，一般情况下也可以将其称为灵境技术或者人工环境。VR 技术在实际应用过程中，主要是借助于计算机来模拟一个三维的虚拟世界，使用者能够借助于多种虚拟现实交互设备来沉浸到虚拟现实环境之中，这样使用者就能在这一环境中直接与虚拟现实场景事物展开交互，同时按照自身需求来对三维空间事物进行浏览，这样能使用户在虚拟体验中获得较为真实的感受。虚拟现实技术的存在从某些方面来说为人机交互界面的发展提供了一个全新的研究领域，这一种基于可计算信息的沉浸式交互环境，本身就是将计算机技术作为核心，然后以此来生成一个逼真的视、听、触一体化环境，而使用者则能够在这一过程中获得较为直接的感官感受。VR 技术的存在直接改善了人们利用计算机进行多工程数据处理的方式，特别是在对大量抽象数据进行处理的过程中应用这一技术能够达到更好的效果，不同领域以及企业应用这一技术还能因此而获得较为显著的经济效益。总而言之，虚拟现实技术属于一项综合集成技术，涉及多个领域，也因其自身所独有的特征而让人能够自然的体验虚拟世界，并且因此而获得身临其境之感。

一、虚拟现实技术特征

虚拟现实技术本身就是以计算机技术为平台而展开的一项技术，这一项技术借助于虚拟软件以及硬件资源，能够有效地实现人与计算机之间的有效沟通。计算机虚拟现实技术有其自身所独有的特征，主要表现为沉浸感、多干执行、构想性、交互性、强大的网络功能、多媒体功能、创建三维立体造型与场景、人工智能等多方面，而在这其中核心的特征则是以下两点：

（1）沉浸感。沉浸感是计算机虚拟现实技术的重要特征之一，其主要指的是一种主观感知，即人对计算机系统模拟的虚拟环境所产生的认识以及感知，以及对虚拟环境真实程度的考究等。沉浸感这一特征的存在，能够做到虚拟环境的“以假乱真”，这样用户就能全身心地投入计算机所创设的虚拟环境之中，并且因此而获得较为良好的体验。总之，计算机虚拟现实技术沉浸感这一特征可以说是该技术所追求的基本目标，而创造出具有较强沉浸感的虚拟环境则需要借助于各种技术的综合使用，在这其中显示技术则是实现这一特征的关键技术。

（2）交互性。在计算机虚拟现实技术之中，交互性是该技术的另一特征，该技术主要指的是用户对模拟环境内物体的可操作程度，以及从环境到反馈的自然程度。虚拟现实技术之中存在的人机交互界面可以说是远远超过了键盘、鼠标等传统模式，其能够借助于数字手套、头盔等较为复杂的传感器设备，以及三维交互技术之中的语言输入与识别等技术来有效地实现人机交互。

二、虚拟现实技术在行业之中的应用

虚拟现实技术在游戏行业中的应用。虚拟现实技术在游戏行业之中的应用也是现如今时代发展的重要特征之一，将这一技术应用到游戏场景设计之中，就能够呈现出360° 且具有三维立体感的场景，而且再加上触觉、声觉以及嗅觉等多方面一体化的带入，就能让用户在游戏过程中产生更为强烈的身临其境之感。近年来，我国游戏事业可以说得到了较为显著的发展，尤其是手机游戏更是呈现出高速发展的态势，虚拟现实技术在游戏行业之中的应用，能够为客户端游戏以及手游带来全新的发展契机，促使游戏行业得到进一步的发展与进步。

虚拟现实技术在教育行业中的应用。虚拟现实技术在教育行业之中也有所涉及，这一技术在教育行业之中的应用，突破了传统教育手段所存在的限制，使教学知识变得更加形象。教师在对学生进行教育工作的时候，就可以借助于虚拟现实技术来推进体验式教学，让学生在体验之中感受到学习的魅力，从而有效地提高学生学习知识的积极性以及主动性，进一步推进教育工作的有序实施。除此之外，虚拟现实技术在教育行业之中的有效应用，还直接突破了传统教育所存在的时空限制，这样教育资源分配也能因此而变得更加合理，进而有效地促进教育事业的发展。由此可见，计算机虚拟现实技术在教育行业之中的应用，也是现如今时代发展的重要趋势之一。

虚拟现实技术在医学行业中的应用。计算机虚拟现实技术在医学行业之中也有所涉及，在这一行业之中应用虚拟现实技术，就能够借助于HMD、跟踪球、感觉手套等技术来更好地了解人体内部结构，这样临床医生在对患者进行治疗与诊断的过程中，就能更好地了解患者的身体情况。除此之外，外科医生在进行手术之前，也可以应用这一技术在显示器上进行模拟的手术，以此来找出最佳的手术治疗方案，从而有效地降低手术风险，在促进患者康复的同时降低护患纠纷事件的发生率，最终促进医学行业的健康稳定发展。

虚拟现实技术在军事航天中的应用。计算机虚拟现实技术除了在上述领域之中得到了应用，在军事航天之中也得到了较为广泛的应用。在军事航天事业之中，模拟以及练习一直都是该事业发展的关键，而将虚拟现实技术应用到这一领域之中就能为其发展提供较为良好的前景。具体而言，在军事训练过程中应用计算机虚拟现实技术能够有效地为训练员构建出虚拟的战场环境，这样参照人员就能够借助于相关设备和虚拟环境之中的对象进行交互作用与影响，从而产生沉浸式的体验与感受；另外，在军事单兵训练过程中，还可以让士兵穿上数据服、戴上头盔显示器以及数据手套，借助于传感器的操作来选择不一样的战争背景、输入处理方案，这样士兵就能体验不同的作战场景以及效果，使士兵能够在这一过程中提高自身的战术水平、心理承受能力等。除此之外，虚拟现实技术在航天事业之中也得到了有效应用，航天设备本身就属于耗费较大的现代化工具，再加上航天工作的开展本身就具有较强的危险性，而应用计算机虚拟现实技术，则能模拟各种航空器有可能会遇到的环境，这样不仅能够节约成本，还能降低危险；另外，还能有效地实现对零重力的模拟，这样就能有效地替代宇航员的训练方式。

除了上述所提到的这些领域，计算机虚拟现实技术在动作捕捉、房地产开发、室内设计、文物保护、工业仿真、应急演练等领域也得到了有效的应用。

三、虚拟现实技术的发展现状分析

计算机虚拟现实技术最开始是由美国人所提出的一个理念，之后被美国宇航局应用到航天事业之中，以此展开了对成本较低的虚拟现实系统的研制，从某些方面来说这对虚拟现实技术的硬件发展具有一定的推动作用。虚拟现实技术现如今虽然已经得到了较为明显的发展和进步，可是就实际发展现状来看，依然还是处于初级研究阶段。就现如今计算机虚拟现实技术的研究现状来分析的话，其主要是研究感知、硬件、后台软件以及用户界面这几个方面，而就当前研究现状来分析的话，场馆虚拟漫游可以说是研究过程中较为困难的一个方面。一般情况下，在进行建模与绘制的过程中，都会在绘制速度与模型精细度上选择一个较为恰当的平衡点，这样不仅能够有效地保障绘制的质量，还能够提高用户的体验感。现如今世界上已经具有较多的计算机虚拟现实技术开发商，而且已经开发出了一些虚拟现实软件的平台，像是 VRT、Robotics、Deneb 等等，而这些平台的存在在很大程度上也促进了虚拟现实技术应用效果的提升。但是，就总体开发现状来看，依然还是存在较多的问题，特别是因为自主知识产权保护等，导致我们对核心技术不够了解，这个时候也就自然而然会影响到计算机虚拟现实技术价值的实现。

四、虚拟现实技术的发展趋势

虚拟现实技术属于高集成技术，涵盖了计算机软件、传感器等技术，在整体上具有先进性。因此，虚拟现实技术在当前社会中具有良好的应用前景，能满足多种工作环境的要求。未来虚拟现实技术将会朝着以下方向进一步发展。

动态环境建立技术。计算机虚拟现实技术在实际应用过程中，最为关键的还是对虚拟环境的创建，而对于这一部分内容，动态环境建立技术则是实现虚拟环境创建的关键。动态环境建立技术的发展能够获得更为真实的环境数据，从而也就能够创设出更为良好的虚拟环境模型。

实时三维图像生成与显示。三维图形生成技术现如今可以说是已经步入了成熟阶段，而今后发展方向则在于如何生成与显示，尤其如何在不降低图像质量与复杂程度的基础上实现对频率的刷新可以说是今后发展过程中较为重点的研究内容。除此之外，虚拟现实技术的发展本身就依赖于传感器与立体显示器，所以在今后研究过程中还需要对三维图像生成与显示技术进行进一步的研究与开发，这样才能更好地满足系统需求，真正有效地发挥出计算机虚拟现实技术的价值，将其有效地应用到各个领域之中。

加强对新型交互设备的研制。虚拟现实技术在实际应用过程中要想有效地实现人能够自由地和虚拟世界内的对象进行交互，并且从中获得一种身临其境之感，必然需要借助于主要的输出、输入设备，以及数据手套、三维声音产生器、头盔显示器、三维位置传感器、数据衣服等一系列交互设备。而为了能够进一步促进计算机虚拟现实技术的发展与进步，今后在对计算机虚拟现实技术进行研究的过程中，必然要加强对这些交互设备的研究，尽量研制出价格低廉、耐用性较高的新型交互设备，从而进一步发挥出其对各个领域的促进作用。由此可见，计算机虚拟现实技术今后发展的趋势之一就包含了加强新型交互设备研制这一点，我国在研究过程中就可以以此来展开研究与分析，进一步促进计算机虚拟现实技术的发展与进步，让其能够促进各个领域的发展。

智能语音虚拟建模。计算机虚拟现实技术今后的发展趋势还表现在智能语音虚拟建模这一方面，这一项工作本身就十分复杂，在实际操作过程中需要花费较多的时间以及精力，如果在进行研究的过程中能够将语音识别、智能识别等技术和虚拟现实技术有效地结合在一起，就能更好地解决这一问题。具体而言，在发展过程中，我们可以对模型本身的属性、方法以及特点进行描述，借助于语音识别技术来对建模数据进行有效的转化，同时借助于计算机的图像处理技术、人工智能技术来对其进行有效的设计与评价，这样就能将模型使用对象表示出来，同时还能按逻辑让各个模型都能够进行静态与动态的有效衔接，创造出具有高价值的系统模型。在建模工作完成之后，我们还需要对其进行有效的评价，借助于有效的评价来进一步发挥出其价值，并且由人工语言来进行再次编辑与确认，从而也就能够进一步促进计算机虚拟现实技术的发展与进步。

积极使用大型分布式网络虚拟现实。存在于虚拟现实基础之中的分布式网络，主要的任务就是将零散的虚拟现实系统、仿真器借助于网络有效地衔接在一起，在这一过程中相关人员需要使用统一的标准、数据库、结构以及协议来创建出一个在时间、空间等多方面有效联系的虚拟合成系统，而使用者则可以在这一过程中进行自由且有效的交互，从而最大限度发挥出计算机虚拟现实技术的价值。就目前分布式虚拟现实交互现状来看，其已经成为国际上研究热点之一，所以在今后发展过程中，积极使用大型分布式网络虚拟现实可以说是较为重要的趋势之一，毕竟大型分布式虚拟现实在航天事业上有着较为显著的价值，借助于这一技术研究能够有效地减少不必要的成本与经费，同时还能有效地减少相关人员的不适感，进一步发挥出计算机虚拟现实技术对军事航天领域的促进作用。

综上所述，虚拟现实技术作为一项先进的高新技术，本身就具有较为良好的发展前景，将其应用到现实生活中不仅具有较为广泛的应用范围，还能发挥出较为显著的价值，可是在实际应用过程中依然还是无法避免会出现各种各样的问题，而这也是计算机虚拟现实技术在今后发展中需要应对的问题。为了能够进一步促进计算机虚拟现实技术的发展与应用，本节从该技术应用现状着手，对其今后发展趋势与实际应用进行了具体的论述，希望能够借助于这一项技术促进各个领域的发展与进步。

第三节　虚拟现实：计算机技术组合而成的复合系统

虚拟现实，是一种集成多种计算机技术组合而成的复合系统。虚拟现实技术可以为参与者创造出更丰富的视觉、听觉、触觉、味觉、嗅觉体验。在当今，虚拟现实的研究和发展方向，主要集中在视听觉体验、人机交互这两大分支上。在视听体验方面，体验者可以通过普通显示器、头戴式立体显示屏等显示设备配合立体音响系统，获得视觉及听觉沉浸式体验。在人机交互方面，体验者不仅可以通过鼠标及键盘与虚拟世界中的物体进行交互，还可以通过穿戴及使用具有传感功能的设备，体验到类似于真实世界中的人-物交互体验。而在未来，通过结合计算机网络、人工智能、远程控制等新兴技术，虚拟现实还可以为多个体验者同时营造出真实的共有的临场感，在多人协作、社会交往等领域具有极为广阔的应用前景。

一、虚拟现实与计算机图形图像学

计算机图形学是计算机科学领域中的一个重要分支。计算机图形学的发展非常迅速，具有非常广阔的应用前景，其中包括科研仿真领域、军事推演领域、电影游戏娱乐领域、教育教学领域等。

在计算机图形学中，包含了很多有意思的分支，包括用户交互设计、真实感画面渲染、物理仿真模拟、GPU 实时计算、机器视觉等，是一门综合了计算机、数学、物理、艺术等学科领域的交叉学科。

在非计算机科学的其他专业领域中，通过结合计算机图形学的辅助应用，工程师、科学家、艺术家都可以获得更好的工作辅助。正是结合了这个工具，也使得我们日常的普通生活发生了巨大的改变：更简单的移动设备中用到的界面交互形式，更丰富多样的电影游戏娱乐体验，更简单专业的方案设计等。

三维建模是一种通过多种方法，用来呈现真实世界中客观存在的物体的外形的过程。建模方法包括数学表面建模、过程化建模、顶点逼近式建模等。通过建模工具，建模的过程可以是自动化生成或手动制作生成物体的几何数据。常用的数学表面建模方法包括 NURBS 建模、曲线建模等，都可以生成非常精准且光滑的模型表面，是工业设计中最普遍采用的方式方法。顶点化的建模方式，则是艺术领域中最常采用的方法，艺术家既可以非常方便地对三维模型表面顶点进行大规模修改，也可以对其进行细致入微的逐点雕琢，用以生成具有强烈震撼效果的数字艺术作品。

当三维模型设计结束后，可以通过两种方式呈现出来。第一种方式是通过模仿光学相机照相的方式，将三维数据在二维平面上进行投影成像，该方法称为“渲染”。第二种方式是通过增量式三维打印的方式，转化为真实物体。

渲染是一种将三维模型通过算法呈现为二维图像的过程。通常一个三维场景数据中，包含多种数据信息，例如三维模型数据、材质数据、纹理数据、虚拟相机数据、虚拟光照数据等。渲染的过程中，这些数据会被渲染工具解析，并最终转化为二维图像。

由于渲染是一项计算量非常大但计算方式类似的过程，因此随着计算机硬件技术的发展，一种专门用来处理渲染的硬件——图形处理加速器（GPU）应运而生。它通过并行化渲染流程（将相同的计算过程同时进行），成功达到了渲染加速的效果。

在渲染领域中，真实感渲染是一个最关键且最复杂的分支。它的目的是通过求解真实世界中的光能量的分布，来呈现出与人眼所见的真实世界中相一致的画面。由于这一求解过程非常复杂，因此也在学术领域派生出多种求解方法，例如辐射度照明、光线跟踪照明等，但这些依然无法有效解决真实感渲染中计算效率的问题。时至今日，即使是世界上最快的单芯片计算单元，也无法提供既准确又快速的计算。很多研究者和工程实践者也在完成计算的准确性与完成计算的速度之间进行平衡性探索，不断产生出各种加速解决方案，例如环境球反射计算、屏幕空间光照遮挡计算、小范围全局光照计算等。这些技术，也被广泛应用于游戏、虚拟现实等对用户交互响应速度有严苛要求的领域。高精度计算，则被应用于电影、电视片等对画面精度有要求的应用领域。

由于虚拟现实系统中，用户核心体验需求是“视觉沉浸感”，因此计算机图形图像学作为解决“为虚拟现实提供高沉浸感的视觉图像”的方法，是虚拟现实系统中的核心技术之一。

计算机图形图像学技术可在以下三个方面为虚拟现实系统提供终极解决方案：一是真实感沉浸式画面呈现，为用户提供一个数字化，高真实感的画面；二是真实感物理仿真效果呈现，为用户提供高真实感的物体运动效果；三是自然人机交互方式，为用户提供简单、便捷、舒适的人机交互体验。

但由于虚拟现实系统并不仅仅是“真实世界视觉重建”，还有其他多种方面的真实感重建，因此仅仅依靠计算机图形图像学技术，是无法建设一个完整的虚拟现实世界的。

二、虚拟现实引擎与传统游戏引擎

游戏引擎是一个专门针对电子游戏开发设计的软件程序框架。开发者们利用游戏引擎开发电脑游戏、游戏主机游戏等。游戏引擎是在一个核心框架下驱动的不同功能模块的集合。通过游戏引擎，游戏开发者可以有效降低游戏整体开发成本，提高开发效率，并将一次开发结果发布到多个不同的运行平台上。

通常情况下，游戏引擎不仅仅提供游戏开发的核心功能，还提供使用这些功能的可视化编辑工具，方便开发者开发游戏内容。这一切的目的只有一个——让游戏开发者好、快、省地开发出面向市场的游戏产品。

通常情况下，游戏引擎为了在保证提高游戏开发效率的同时，也能保证自身性能的可伸缩性、可扩展性，一般会被设计为一个核心、多个模块的模式。核心部分往往只是基础功能和模块管理功能，具体的功能实现，则被分配到不同模块中。这些模块包括数据资源管理模块、场景管理模块、渲染模块、声音模块、脚本模块、动画模块、人工智能模块、用户交互模块、网络模块等。在这些模块中，部分模块是被设计成为可被第三方中间件模块替换的形式，例如物理引擎模块。目前市面上存在两套物理引擎，分别是隶属于 NVIDIA 的 PhyX 和曾经隶属于 Intel 的 Havok（已经被 Intel 出售）。这两款物理引擎专门用来解决高速可交互式运行模式下的物体物理特性的模拟。任何游戏引擎都可以通过接口的方式调用它们的功能，用来加速游戏中的物理表现及提高效果。

通常，一些游戏引擎仅仅只提供实时 3D 渲染功能（这里面涉及大量计算机图形学的专业知识，而不仅仅是计算机基础知识），实现游戏的其他逻辑功能，往往需要游戏开发者自行开发或融入其他游戏中间件，所以这类引擎也被称为“图像引擎”或“3D 引擎”。随着游戏场景的扩大，当下的游戏引擎也开始提供“场景管理”模块，用来高效地管理游戏中的三维数据以及对场景画面渲染呈现进行辅助加速功能。因此玩家用户可以看到越来越多的游戏采用了“开放式”“巨大式”的游戏场景设计。

由于虚拟现实系统并不是一个单行业应用，因此目前市面上已有的虚拟现实引擎产品，均是针对某一个特定行业应用的专业软件，例如针对建筑室内外设计、工业产品设计、军事仿真等。

这些软件大多使用复杂，价格昂贵，功能针对性极强，其生产的内容也大多是针对某一行业产业链中具体的特定环节，因此作为普通大众，是很难感受到这些工具的存在的，即使在计算机专业领域中的认知度，也较游戏引擎低很多。

随着当下新的虚拟现实热潮的兴起，伴随着虚拟现实硬件的发展及普及，一款或多款专门针对大众应用的虚拟现实引擎也将逐渐出现。这些引擎将以生产面向大众内容为核心，以面向大众应用领域为切入点，不断进行发展和升级，为未来虚拟现实世界的全面爆发而铺平道路。

三、虚拟现实行业存在机遇与挑战

虚拟现实行业是一个以技术为驱动，以体验为手段，满足人在物质、精神不同层面、不同目标的追求（娱乐、社交、教学培训、预体验等）。从应用领域角度来讲，虚拟现实并不是某一种计算机技术，而是一系列专业领域之间互相交织、综合应用的统称。

通过虚拟现实技术，很多行业将发生改变和升级。在工业生产领域中，高风险、高成本的产业将在虚拟现实技术的辅助下，有效降低甚至规避风险，降低成本，从而加速产业发展。在服务产业中，无论是教育、娱乐，还是旅游、室内装饰等，人们也将通过虚拟现实技术，感受到更丰富的服务体验。

然而，虚拟现实技术依然在应用与科研成果之间存在较大差距，在以下四个核心方面还需要开发者去解决和完善。

缺乏有效、简单且稳定的与虚拟现实世界中数字物体交互的软硬件解决方案。在目前的人机交互硬件领域，只有鼠标和键盘是认知及普及率最高的设备。但这两种设备均不适合在沉浸式体验环境中进行人机交互。虽然目前出现了大量可穿戴式设备，例如头部跟踪、手持跟踪、身体运动跟踪，但这些设备也普遍存在难于穿戴、难于应用的问题。

缺乏真正意义上的人 - 人互动和人 - 物互动软件算法及应用方式。在目前的网络游戏中，人 - 人之间的交互方式只能采用游戏设计者预先规定好的方式，无法完全按照人在自然世界中的方式去交互——包括面部表情交互、语言语音交互、肢体语言交互。这些交互方式在真实世界中，是人 - 人交流中最为关键的部分，但如何在虚拟现实世界中去有效呈现，依然没有最佳解答（仅存在可替代式解决方案，例如表情符号）。人 - 物交互，则在目前虚拟现实世界中，相较人 - 人交互方案，更难以解决。这里涉及自然客观物理现象法则的重建和重现、网络延迟、交互信息丢失等问题的困扰，无法解决这些问题，就没有办法建立起真正的可互动式虚拟现实世界。

虚拟现实行业的繁荣需要大量有效内容的存在，且虚拟现实的应用场景要远多于游戏的应用场景，因此在虚拟现实类应用中，非常关键的一个因素就是这类应用的生产成本。生产成本涵盖两方面的因素，一是生产内容元素的成本，二是虚拟现实场景的应用成本。然而这两个关键因素在目前解决的并不是太理想。解决这两个问题的核心方法就是软件的算法提升。

虚拟现实世界中的场景规模，要远远大于现实世界中的场景规模，正可谓一沙一世界。这一必然结论，会带来虚拟世界中关于虚拟世界的存在条件、虚拟平行世界间的关联交互性等问题和思考。

第四节　计算机通信中虚拟现实技术

随着时代的发展，我国计算机通信技术不断优化发展，虚拟现实技术是利用三维交互式计算机创造的虚拟环境，对现实事物进行虚拟规划的全过程，虚拟现实技术具有交互性、沉浸感、构想性及全息性，在计算机通信中得到了有效应用。本节将对计算机通信中虚拟现实技术的应用进行分析探讨。

随着通信技术的发展，计算机通信技术对虚拟现实技术的重视度逐渐提升，虚拟现实技术逐渐成为一个备受关注的话题，利用虚拟现实技术可将现实世界模拟出来，在各个领域中均得到了运用。笔者将分别从：虚拟现实技术及特点、计算机通信中虚拟现实技术分析，计算机通信中虚拟现实技术的应用，通过以下三个方面来阐述。

一、虚拟现实技术及特点

虚拟现实技术利用高新技术将现实场景模拟出来，给人营造出良好的触、听、视觉效果，在虚拟环境下，用户可通过计算机设备来与虚拟空间中的客体互动，为人们创造出一种身临其境的体验。

虚拟现实技术具备一定优越性，虚拟现实技术具有一定构想性，人们通过虚拟现实技术，将构思、情感等概念形象化，从而表达出人们的情感。另外虚拟现实技术还可使人们沉浸其中，用户运用虚拟现实技术可实现计算机设备与虚拟现实世界客体间的互动交流。据此，用户在采用虚拟现实技术时常常会产生与现实世界类似的意识，从多个感官来了解虚拟世界的事物及情境。

虚拟现实技术具备全息性特征，人们通过技术来传输相关信息，另外虚拟现实技术还具备一定交互性，用户可通过鼠标、键盘等装备实现与虚拟世界中人物的交互。整个虚拟专用网络技术当中最为重要的部分就是密钥管理，即密钥管理技术。这个密钥管理对虚拟网络中特定区域的特定网络传输的安全性起着很大的作用，现在大部分使用密钥管理技术的都是由两种组成的，一种是 SKIP，另一种则是 SAKMP。它们的区别是，SKIP 是能够保证密钥的隐私的，却不能够在公共的网络当中应用传播信息；SAKMP 是要在公共的网络技术当中实施流通的方式，很多用户通过别的手段措施都可以在公共的网络当中获得 SAKMP，保障密钥管理技术的安全，是需要妥善的管理虚拟网当中的 SAKMP，不要让非法分子通过不正当手段获取。

二、计算机通信中虚拟现实技术分析

综上，笔者对虚拟现实技术及其特点进行了阐述，将虚拟现实技术应用于计算机通信中可以发挥一定作用，笔者将对计算机通信中虚拟现实技术的应用进行分析，即 PSTN 基础上发展的 BCG centrex、centrex，IP 网基础上发展的 IPSEC VPN 业务，详情如下。

（一）PSTN 基础上发展的 BCG centrex、centrex

虚拟现实技术中，PSTN 技术的应用可反映在集中用户交换机及虚拟专用电话网，所谓集中用户交换机通常是指虚拟交换机，利用市话交换机的号线资源对业务数据进行建立，最终实现交换机实际功能。由此不难发现，虚拟交换机完全替代了传统用户交换机，对我国电信业务发展起到促进作用。

（二）IP 网基础上发展的 IPSEC VPN 业务

有一个专门为计算机 IP 地址设的安全系统的网络协议是 IPSEC 协议，通过对 IPSEC 协议的努力学习，它的技术已经得到了广泛的应用，而且发展出另外一种新型技术叫 IPSEC VPN 技术，这种技术的基础是 IPSEC 协议，是实现虚拟专用网络技术的一种协议，并且在运用的过程中，采用的是框架结构，这个结构存在几种情况：第一是

EPS 协议，它能够在特定的时间段里面给使用者完整有用的数据，并且保护好这些数据，增强数据的抗干扰能力和保密功能；这个技术使得计算机应用中信息的安全性有了保障。第二是端到端的协议，就是两个端点跟端点之间的数据信息被保护起来，它所呈现的方式有区别于 ESP 协议，这项协议全方位地保护着计算机网络信息。第三是 PC 端到网关的协议，两台电脑之间的通信从网关到别的电脑或者是不同的地域的 IP 之间传输信息内容。

（三）计算机通信中虚拟现实技术的应用

虚拟现实技术是一种艺术形式，其交互性极其强大，能够将现代艺术与现代科技进行结合，在本质上涵盖了基本的艺术模式。现代媒介技术与科技技术的不断发展，符合人们了解世界感知的需求，能够让人们在虚拟的世界中了解到以前没有见过、听过或感受过的事物。虚拟现实艺术常常给予了我们多门学科的学习手段，利用技术创作大大增强了感受者的现场体验，这也完全符合了现代广告的设计内涵。

随着 4G 网络的来临，手机逐渐被人们当作“第五媒体”，移动媒体的商业设计包括了移动终极客户端的电影、游戏和广告等，主要是依靠手机上的媒体平台让交互广告中不断地加入虚拟技术的成分。新技术广告在手机上作为新型的应用软件推出，在实质上就是一款虚拟和现实相互的广告。

线下虚拟现实交互广告实际上就是采取了新数字技术的装置艺术，将广告变得时尚，这已经成为如今大型网络平台上一种常用的手段。装置艺术本身主要是艺术家对成品的选择和组合，让它以一种新的形式展现在人们的面前，通过消费者表达出来的观念性的艺术，让装置艺术在本质上包含着一定的交互性和技术性，让虚拟现实交互广告艺术更加注重人们的体验。在计算机技术、无线技术、有线技术与多媒体技术的支持下，让许多高科技合理地融入了广告中，尤其是虚拟现实交互广告艺术给人们带来了全新的视觉盛宴，其中那逼真的场景、接近真实的人物吸引着各种各样的消费者。

众所周知，网络技术均具备一定开放性，因此对其加密显得尤为重要。现阶段，数据加密技术主要包含了两种，即对称加密与非对称加密，两种加密方式的区别主要在于解密的复杂程度，对称加密的密匙能够应用在加密与解密的两个阶段中，而非对称加密方式在加密与解密中的密匙均有所不同。因此，用户需要根据实际情况，合理选择加密方式，以便更好地维护计算机安全。

随着我国信息技术的不断优化，计算机通信逐渐渗透到人们日常生活中，并发挥出一定应用作用，笔者对虚拟现实技术进行了分析，将其应用到交互广告设计中，可吸引更多消费人群，为我国经济发展奠定重要基础。

第五节　虚拟现实技术与计算机、网络教学

虚拟现实技术（VR）是继多媒体、计算机网络之后，在教育领域内最具有应用前景的“明星”技术。在教育领域中，虚拟现实技术显示出独特的优势，促使教育形态、教育环境、教学过程的基本要素及相互关系发生了重大变化。利用虚拟现实技术能为学习者构建良好的学习环境，实现学习者的高度参与，达到良好的自评效果，促进学习，实现学习者自由学习。

一、虚拟现实技术概述

虚拟现实技术是指利用计算机生成一种模拟环境，并通过多种专用设备使用户“投入”该环境中，实现用户与该环境直接进行自然交互的技术。它是一种高逼真度地模拟人在自然环境中视觉、听觉、动感等行为的人机界面技术。这种模拟给用户提供了一种身临其境的体验，为用户提供最佳的人机通信方式。

综观众多学者的研究，一般认为虚拟现实有三个特征：（1）交互性。交互性指用户对虚拟环境中对象的可操作程度和从虚拟环境中得到反馈的自然程度（包括实时性），主要借助于各种专用设备（如头盔显示器、数据手套等）产生，从而使用户以自然方式如手势、体势、语言等技能，如同在真实世界中一样操作虚拟环境中的对象。（2）沉浸性。沉浸性又称临场感，是指用户感到作为主角存在于虚拟环境中的真实程度。（3）构想性。指用户在虚拟世界中根据所获取的多种信息和自身在系统中的行为，通过逻辑判断、推理和联想等思维过程，随着系统运行状态的变化而对其未来进展进行想象的能力。对适当的应用对象加上虚拟现实的创意和想象力，可以大幅度提高生产效率、减轻劳动强度、提高产品开发质量。

这些特征决定了其在教育领域的独特优势。沉浸性虚拟现实技术可以调动学习者的全部感觉器官，达到身临其境的感觉；交互性使得用户能以接近自然的习惯，用常规的输入输出设备对虚拟环境中的物体或场景进行操作和得到反馈，更为高级的交互则是运用头盔数据手套等高级虚拟现实设备进行；构想性则是从定性和定量综合集成的环境中得到感性和理性的认识，从而产生认识上的飞跃。

二、虚拟现实技术在计算机、网络教学中的应用分析

计算机硬件和网络硬件课程要求培养学习者对计算机硬件设备和网络硬件设备的认

识、对各部件功能和特征的理解能力以及动手组建计算机设备及网络搭建的实践能力，从实践、知识、视觉和心理等角度实现技术学习与实践应用的有机融合。目前计算机硬件和网络知识教育主要是以教师列举单个实物为主线，以口耳相传的方式，辅以多媒体教学软件教学以及有限的学生实践，来实现计算机网络理论与组网技术的传播。其中多媒体教学软件只是用来展示现有的网络组建模式和已安装完成的计算机实物图片，或演示设备的使用，已经无法满足现代教学活动发展的新要求。因此，如何使学生在计算机硬件、网络硬件组建的课程学习中获得更多的动手机会，需要通过教学手段的改革来满足学习者对相关技术的学习需要。虚拟现实技术为人们提供了一种理想的教学手段，目前在国外已被广泛应用在军事教学、体育训练、医学实习和一些学校的实际教学中。虚拟现实技术辅助教学作为一种较好的教学手段同样可以引入计算机硬件、网络技术的教学过程中，利用虚拟现实建模语言 VRML 构建三维场景。教学过程中根据教学内容的不同可以随机控制场景的角度、景别；可以随意移动场景内计算机硬件及网络硬件各部件的实物，使每个学生都有机会亲手组装一台计算机设备，或把已有的网络部件按照不同的需求组建成不同规模的计算机网络。虚拟现实技术的应用，使计算机硬件和网络的教学有了更好、更完善的发展机会。

三、虚拟现实技术在计算机、网络教学中应用的意义

虚拟现实对教育领域的全方位渗透，从根本上改变了人们的思维习惯和对传统学习环境的概念，逐渐走向由虚拟教师、虚拟学习伙伴、虚拟实验、虚拟图书馆、虚拟辅导、虚拟测验等构成的虚拟学习环境。应用虚拟现实中三维实时渲染技术开发的教育软件系统，能够营造逼真直观的学习环境，给人以身临其境之感，让学习者沉浸在虚拟世界里对学习目标进行实时观察、交互、参与、实验漫游等操作，给予学习者充分的体验和想象空间，学习者由传统学习环境的观察者转变为参与者，学习时具有控制权和主动权。另外，虚拟现实系统多维度呈现信息，如用图形、图片、动画等方式说明问题，学习者学习时能够同时调动视觉、听觉等多感官的参与，对学习者全身心投入学习过程起到十分重要的促进作用。桌面虚拟的三维学习环境的设计容易实现以学生为中心的教学环境，调动学生的参与性，能通过设计灵活多样的交互方式，采用探索法、发现法等要求学习者主动参与同虚拟对象的互动以完成学习任务，提高学习者学习的主动性。创设有意义的情境，可以锻炼学生的发散思维，提高其观察能力和运用知识解决问题的能力；也能够使学习的外在动机和内在动机统一起来，促进学习者智商和情商的协调发展。

虚拟现实技术的优势在于对于学习者，它创造了可以进行交互、直观、自主探索的学习环境；对于教学人员，它提供了一种全新、灵活的教学手段。目前也尚有诸多因素限制它在教育领域的广泛应用，如使用要求的不断提高、程序的烦琐等。但我们应该不断努力、不断发展和完善该项技术，使其能够更好地服务于实验教学。

第六节 虚拟现实计算机技术的多维信息空间

从应用上来看，虚拟现实是一种综合计算机图形技术、多媒体技术、人机交互技术、网络技术、立体显示技术及仿真技术等多种科学技术综合发展起来的计算机领域的最新技术，也是力学、数学、光学、机构运动学等各种学科的综合应用。这种计算机领域最新技术的特点在于以模仿的方式为用户创造一种虚拟的环境，通过视、听、触等感知行为使得用户产生一种沉浸于虚拟环境的感觉，并与虚拟环境相互作用从而引起虚拟环境的实时变化。

虚拟现实技术综合了计算机图形技术、计算机仿真技术、传感器技术、显示技术等多种科学技术，它在多维信息空间上创建一个虚拟信息环境，能使用户具有身临其境的沉浸感，具有与环境完善的交互作用能力，并有助于启发构思。为了建立起和谐的人机环境，需要采用以人为本的理念，来构造虚拟环境的多维信息空间，确立在此空间中处理问题和提高认识的信息处理原则，人的感知系统、认知系统、人类以往的经验与知识以及虚拟现实系统就成为 VE 多维信息空间的主要组成部分。

一、多维信息空间

人类是依靠自己的感知和认知能力全方位地获取知识，在多维化的信息空间中认识问题的。通常在计算机中信息的处理只是在数字化的单维信息空间中处理问题，这就造成了人类认识问题的认识空间与所用的处理问题的方法空间不一致的矛盾，产生了人们难以理解计算机的处理结果，更难以把已有的感知经验或认知经验与处理结果发生直接联系。因此。需要突破计算机处理单维信息的限制，而把它扩展成具有处理多维信息的能力。

二、基本构成

近年来，人们由于使用了计算机，大大加速了认识世界和改造世界的进程。但同时也开始对现有的用计算机来表示和模拟物理世界的方法表示疑义。例如，当需要对一个较复杂的物理情景进行实时的模拟，并且希望得到大量直观的模拟结果时，发现其计算量将大增，即使使用最先进的超级计算机，也只能缩小被模拟的物理情景的规模或减低对直观性的要求。客观的需求迫使人们思考一些问题：“是否应当改变表示和模拟物理世界的方法？”“这种一切依靠单维的数字化信息处理方法是合理的吗？”“怎样在人对物理世界已有的感知和认知的体验和经验上进行信息处理和加深认识？”事实上，由于人类是依靠自己的感知和认知能力全方位地获取知识的，是在多维化的信息空间中认识问题的，而现行的信息处理工具（尤其是数字计算机）只具有在数字化的单维信息空间中处理问题的能力，这就产生了人类认识问题的认识空间与所用工具的处理问题的方法空间不一致的矛盾，也就产生了人类较难直接理解信息处理工具的处理结果，更难以把自己已有的感知体验或认知经验与处理工具的处理结果发生直接联系。因此，人们迫切地希望突破现有数字计算机只能处理单维的、数字化信息的限制，而把它扩展成具有处理多维信息的能力。换言之，在未来的信息社会中，人类希望自己在一个适人化的多维信息空间中去处理问题和提高认识。这种多维信息空间中进行信息处理的工具或环境称为 VR 系统。人的感知系统、认知系统、人类以往的经验与知识以及灵境系统都是构成多维信息空间的组成部分，为了说明多维信息空间的构成，不妨把它与传统的单维信息空间做一比较。在数字化的单维信息空间内，信息处理工具（或环境）是计算机，人与计算机是通过键盘、二维鼠标和显示屏幕等发生联系的，人类以往的经验是以数字化形式存储在数据库内的。在适人化的多维信息空间内，信息处理工具（或环境）是 VR 系统，人与 VR 系统是通过各种先进的传感器和人机接口系统发生联系的，人类以往的经验与体验都是理解问题、寻求解答和提出新概念的基础。

人是通过传感器把自己的经验和体验传送给以计算机为核心的 VR 系统的，而 VR 系统通过作用器把处理结果输出给人，人基于过去已有的对该物理情景的经验、人在该物理环境中的现时体验以及 VR 系统的现时输出，在 VR 系统的帮助下，经过综合集成获得了对该客观世界的认识和提高，VR 系统对处理这类问题的能力也得到同步的增长。

三、发展前景

客观而论，目前 VR 技术所取得的成就，绝大部分还仅仅限于扩展了计算机的接口能力，仅仅是刚刚开始涉及人的感知系统和肌内系统与计算机的交互作用问题，还根本未涉及人在实践中得到的感觉信息是怎样在人的大脑中存储和加工处理成为人对客观世界的“认识”的过程。只有当真正开始涉及并开始找到对这些问题的技术实现途径时，人和信息处理系统间的隔阂才有可能被彻底地克服。只有到那时，信息处理系统就再也不是一个只能处理数字化的计算装置或信息处理装置了。它将是一种具有对多维信息处理功能的机器，将是人进行思维和创造的助手，它将是人对他们已有的概念进行深化和获取新概念的有力工具。要特别强调的是：即使到那时，人仍将是这个适人化的多维信息空间的主体。

VR 技术所涉及的领域十分广泛，它包括信息技术、生理学、心理学和哲学等多种学科。目前宣传媒介对这一领域大肆渲染，把它的功能描绘得天花乱坠，甚至到了不可思议的程度。必须清醒地认识到，虽然这个领域的技术潜力是很大的、应用前景也是很广阔的，但目前尚处在它的婴儿时代，还存在着很多尚未解决的理论问题和尚未克服的技术障碍。

第六章　计算机视觉技术

第一节　计算机视觉下的实时手势识别技术

在全球信息化背景下，逐渐发展起来越来越多的新科技，图像处理技术领域，也取得了长足的发展。随着图像处理技术和模式识别技术等相关技术的不断发展，以及计算机技术的巨大发展，人们的生活较以往有了巨大的改观，人们也越来越离不开计算机技术，在这种大环境下，人们也开始着重研究实时手势识别技术。本节就是在基于计算机视觉背景下，简单地介绍实时手势识别技术，以及实时手势识别技术的一些识别方法和未来的发展方向，希望能够对一些对实时手势识别技术感兴趣的相关人员提供一定的参考和帮助。

在人类科学技术飞速发展的今天，人们在日常生活中已经广泛应用到人机交互技术，其已经在人们的日常生活中占据越来越多的戏份。在现代计算机技术的加成下，人机交互技术可以通过各种方式、各种语言使得人们和机器设备进行交流，在这方面，利用手势进行人机对话也是特别受人欢迎的方式之一。所以，在计算机视觉下的实时手势识别技术也被越来越多的人研究，而且已经初步成型，部分被我们所利用，只不过，要实现实时手势识别技术的普及，还需要加大对其中一些相关技术的研究，解决掉现在实时手势识别技术所存在的一些问题，为对图像的准确识别和依据图像内容做出准确的反映做保证。

一、实时手势识别技术介绍

（一）手势识别技术概述

手势识别技术是近几年发展起来的一种人机交互技术，是利用计算机技术，使机器对人类表达方式进行识别的一种方法，根据设定的程序和算法，使得工作人员和计算机之间通过不同的手势进行交流，再用计算机上的程序和算法对相应的机器进行控制，使其根据工作人员的不同手势和做出相应的动作。在工作人员做出的手势上，可以分为静态手势和动态手势两种，静态手势就是指工作人员做出一个固定不变的手势，以这种固定不变的手势表示某种特定的指令或者含义，讲的通俗点即为人们常说的固态姿势。另外一种是动态手势，也就是一个连续的动作，相对于静态手势来说，就显得比较复杂了。通俗点说，就是让操作者完成一个连续的手势动作，然后让机器根据这一连串的手部动作完成人们所期望的指令，做出人们所期望的反应。

（二）手势识别技术所需要的平台

手势识别技术和其他计算机科学技术一样，都需要硬件平台和软件平台两个方面。在硬件平台方面，必须要配备一台电脑和一台能够捕捉到图像的高清网络摄像头，电脑的配置当然要尽可能的高，具备强大的运算能力，能够快速运算，稳定输出，对摄像头的要求也比较高，要能够清晰地拍摄到操作者的手部动作，不论是固定的静态手势还是一个连续的动态手部动作，都要能够清楚地记录跟踪，并传送给电脑。在软件平台方面，一般都是利用C语言开发平台，通过一些开源数据库，编写成一定的算法和程序，再配上视觉识别系统，利用这些程序进行控制和运行，分别实现对各种不同的静态手势和动态手势进行识别，实现人机交互的功能。

（三）手势识别技术的实现

录入摄像头拍摄到的图像视频对视频软件进行开发可选择的操作系统有很多，不同的研发单位可以根据自己的情况进行选择，为了让摄像头能够捕捉不同的视频画面，这就对摄像头捕捉画面的能力的要求特别高，然后再通过建立不同的函数模型，对这些函数模型以一定的程序来调用，再在建立的不同窗口来进行显示，在所使用的摄像头上也要装上一定的摄像头驱动程序，来驱动摄像头工作。以此，便可以根据相关的数据模型，把捕捉到的视频或图像画面，在特定的窗格中显示出来。

将摄像头读取到的手势动作进行固定操作。实现手势的固定操作要通过不同的检测方法，最常见的固定方法有两种：运动检测技术和肤色检测技术。前一种固定方法指的是，当做出一个动作时，视频图像中的背景图片会按一定的顺序进行变化，通过对这种背景图片的提取，再和以前未做动作所保留的背景图片做对比，根据背景图片的这种按顺序的形状变化的特点来固定手势动作，但是由于有一些不确定因素的影响，如天气和光照等，它们的变化会引起计算机背景图片分析和提取的不准确，使得运动检测技术在程序设计的过程中比较困难，不易实现。而后一种肤色检测技术正是为了减少这种光照或者天气等不确定因素的影响，来对手势动作进行准确定位的。肤色检测技术的原理是通过色彩的饱和度、亮度和色调等对肤色进行检测，然后再利用肤色具有比较强的聚散性质，会和其他颜色对比明显的特点，使得机器将肤色和其他颜色区别开来，在一定条件下能够实现比较准确的固定手势动作。

手势跟踪技术。实现手势分析的关键环节是完善手势跟踪技术，从实验数据显示的结果来看，利用不同的算法来跟踪手势动作，能够对人脸和手势的不同动作进行有效的识别，如果在识别过程中，出现了手势动作被部分遮挡的情况，则需要进一步对后续的手势遮挡动作做出识别，通过改进算法来对摄像头拍摄不全的问题进行准备，再应用适合的肤色跟踪技术，得到具体的投射视图。

手势分割技术。要在视觉领域应用计算机软件技术，对数字和图像进行处理，并且应用于手势识别领域，就要借助计算机手势分割技术。计算机手势分割技术是指在操作者的手运动的时候，摄像头采集并传递给计算机的图像数据，会被计算机当中的软件系统识别。如果不对动态手势图像进行手势分割技术处理，就有可能在肤色和算法的共同作用下，把算法数据转换为形态学指标，也就有可能导致数据模糊和膨胀，造成视情不准确的现象。

二、计算机视觉下实时手势识别的方式

（一）模板识别方式

在静态手势的识别中经常被用到的最为简单的实时手势方式就是模板识别方式，它的主要原理是提前将要输入的图像模板存入计算机内，然后再根据摄像头录入的图像进行相应的匹配和测量，最后通过检测它的相似程度来完成整个识别过程。这种实时手势识别方式简单、快速。但是，由于它也存在识别不准确的情况，我们也要根据实际的情况需要，选择不同的识别方式，对此，我们要做出一个比较准确的判断。

（二）概率统计模型

由于模板识别方式存在着模板不好界定的情况，有时候容易引起错误，所以，我们引入了概率统计的分类器，通过估计或者是假设的方式对密度函数进行估算，估算的结果与真实情况越相近，那么分类器就越接近在其中的最小平均损失值。从另一个方面来讲，在动态手势识别过程中，典型的概率统计模型就是 HMM，它主要用于描述一个隐形的过程。在应用 HMM 时，要先训练手势的 HMM 库，而且在识别的时候，将等待识别的手势特征值带入模型库中，这样对应概率值最大的那个模型便是手势特征值。概率统计模型存在的问题就是对计算机的要求比较高，由于计算机视觉下的实时手势识别技术及其应用都比较大，所以就需要计算机要有强大的计算速度。

（三）人工神经网络

作为一种模仿人与动物活动特征的算法，人工神经网络在数据图像处理领域中，发挥着它的巨大优势。人工神经网络是一种基于决策理论的识别方式，能够进行大规模分

布式的信息处理。在近年来的静态和动态手势识别领域，人工神经网络的发展速度非常快，通过各种单元之间的相互结合，加以训练，估算出的决策函数，能够比较容易地完成分类的任务，减少误差。

三、实时手势识别技术在未来发展中的方向

（一）早日实现一次成功识别

以现在实时手势识别技术的发展现状，无论使用怎么样的算法，基本上都不能做到一次性成功识别，都会经历多种不同的训练阶段。所以，在手势识别技术的未来发展中，我们的研究方向主要是要保证怎么样一次性快速识别，而且要保证识别的准确性，这在未来实时手势识别技术的发展过程中是十分重要的，也需要我们在软件平台和硬件平台各个方面同时努力，加大研究投入，争取早日实现一次性成功识别。这样才能极大地提高手势识别的效率，能使实时手势识别技术得到更大的推广，为社会的生产加工做出更多的贡献。

（二）争取给用户最好的体验

虽然实时手势识别技术对于计算机来说，显得比较复杂，尤其对于图像的处理，但是对于它的体验者来讲，则是和传统的交互方式完全不同的另一种体验。但是从现状来看，实时手势识别技术还在处于一个最基础的发展阶段，并没有完全给用户一个非常完美的体验，所以应该在发展实施手势识别技术的过程中，多和用户进行沟通，询问体验用户的感受，再切实制定新的发展策略，改进实施手势识别技术。一方面，我们要提高图像的录入质量和计算机运算的速度。另一方面，我们还需要切实考虑用户的体验感受，从多个方面入手研究，使实时手势识别技术能够给用户带来最好的体验。

在计算机视觉下的实时手势识别技术在今天的日常生活和科技发展中已经显得特别重要，其研究成果，在人与机器的沟通交流过程中具有非常重要的作用，可以极大地方便人与机器设备的沟通，让我们可以更轻松地对机器设备进行传递指令，方便快捷地完成某种动作，达到我们想要的目的。但是由于现阶段环境的复杂性和一些技术上的缺陷，致使实时手势识别技术在应用的过程中仍旧存在着一些不足，需要我们继续努力，加快发展，尽早实现实时手势识别技术的推广。

第二节　基于计算机视觉的三维重建技术

单目视觉三维重建技术是计算机视觉三维重建技术的重要组成部分，其中从运动恢复结构法的研究工作已开展了多年并取得了不俗的成果。目前已有的计算机视觉三维重建技术种类繁多且发展迅速。

计算机视觉三维重建技术是通过对采集的图像或视频进行处理以获得相应场景的三维信息，并对物体进行重建。该技术简单方便、重建速度较快、可以不受物体形状限制而实现全自动或半自动建模。目前计算机视觉三维重建技术广泛应用于包括医学系统、自主导航、航空及遥感测量、工业自动化等在内的多个领域。

本节根据近年来的国内外研究现状对计算机视觉三维重建技术中的常用方法进行分类，并对其中实际应用较多的几种方法进行介绍、分析和比较，指出今后面临的主要挑战和未来的发展方向。本节将重点阐述单目视觉三维重建技术中的从运动恢复结构法。

一、基于计算机视觉的三维重建技术

通常三维重建技术首先需要获取外界信息，再通过一系列的处理得到物体的三维信息。数据获取方式可以分为接触式和非接触式两种。接触式方法是利用某些仪器直接测量场景的三维数据。虽然这种方法能够得出比较准确的三维数据，但是它的应用范围有很大程度上的限制。目前的接触式方法主要有 CMMs、Robotics Arms 等。非接触式方法是在测量时不接触被测量的物体，通过光、声音、磁场等媒介来获取目标数据。这种方法的实际应用范围要比接触式方法广，但是在精度上没有它高。非接触式方法又可以分为主动和被动两类。

（一）基于主动视觉的三维重建技术

基于主动视觉的三维重建技术是直接利用光学原理对场景或对象进行光学扫描，然后通过分析扫描得到数据点云从而实现三维重建。主动视觉法可以获得物体表面大量的细节信息，重建出精确的物体表面模型；不足的是成本高昂，操作不便，同时由于环境的限制不可能对大规模复杂场景进行扫描，其应用领域也有限，而且其后期处理过程也较为复杂。目前比较成熟的主动方法有激光扫描法、结构光法、阴影法等。

（二）基于被动视觉的三维重建技术

基于被动视觉的三维重建技术就是通过分析图像序列中的各种信息，对物体的建模进行逆向工程，从而得到场景或场景中物体的三维模型。这种方法并不直接控制光源、对光照要求不高、成本低廉、操作简单、易于实现，适用于各种复杂场景的三维重建；不足的是对物体的细节特征重建还不够精确。根据相机数目的不同，被动视觉法又可以分为单目视觉法和立体视觉法。

1. 基于单目视觉的三维重建技术

基于单目视觉的三维重建技术是仅使用一台相机来进行三维重建的方法，这种方法简单方便、灵活可靠、使用范围广，可以在多种条件下进行非接触、自动、在线的测量和检测。该技术主要包括 X 恢复形状法、从运动恢复结构法和特征统计学习法。

X 恢复形状法。若输入的是单视点的单幅或多幅图像，则主要通过图像的二维特征（用 X 表示）来推导出场景或物体的深度信息，这些二维特征包括明暗度、纹理、焦点、轮廓等，因此这种方法也被统称为 X 恢复形状法。这种方法设备简单，使用单幅或少数几张图像就可以重建出物体的三维模型；不足的是通常要求的条件比较理想化，与实际应用情况不符，重建效果也一般。

从运动恢复结构法。若输入的是多视点的多幅图像，则通过匹配不同图像中的相同特征点，利用这些匹配约束求取空间三维点的坐标信息，从而实现三维重建，这种方法被称为从运动恢复结构法，即 SfM（Structure from Motion）。这种方法可以满足大规模场景三维重建的需求，且在图像资源丰富的情况下重建效果较好；不足的是运算量较大，重建时间较长。

目前，常用的 SfM 方法主要有因子分解法和多视几何法两种。因子分解法。Tomasi 和 Kanade 最早提出了因子分解法。这种方法将相机模型近似为正射投影模型，根据秩约束对二维数据点构成的观测矩阵进行奇异值分解，从而得到目标的结构矩阵和相机相对于目标的运动矩阵。该方法简便灵活，对场景无特殊要求，不依赖具体模型，具有较强的抗噪能力；不足的是恢复精度并不高。多视几何法。通常，多视几何法包括以下四个步骤：①特征提取与匹配。特征提取是首先用局部不变特征进行特征点检测，再用描述算子来提取特征点。Moravec 提出了用灰度方差来检测特征角点的方法。Harris 在 Moravec 算法的基础上，提出了利用信号的基本特性来提取图像角点的 Harris 算法。Smith 等人提出了最小核值相似区，即 SUSAN 算法。Lowe 提出了一种具有尺度和旋转不变性的局部特征描述算法，即尺度不变特征变换算法，这是目前应用最为广泛的局部特征描述算法。Bay 提出了一种更快的加速鲁棒性算法。特征匹配是在两个输入视图之间寻找若干组最相似的特征点来形成匹配。传统的特征匹配方法通常是基于邻域灰度的均方误差和零均值正规化互相关这两种方法。Grauman 等人提出了一种基于核方法的快速匹配算法，即金字塔匹配算法。Photo Tourism 系统在两两视图间的局部匹配时采用了基于近似最近邻搜索的快速算法。②多视图几何约束关系计算。多视图几何约束关系计算就是通过对极几何将几何约束关系转换为基础矩阵的模型参数估计的过程。

Longuet-Higgins 最早提出多视图间的几何约束关系可以用本质矩阵在欧氏几何中表示。Luong 提出了解决两幅图像之间几何关系的基础矩阵。与此同时，为了避免由光照和遮挡等因素造成的误匹配，学者们在鲁棒性模型参数估计方面做了大量的研究工作，在目前已有的相关方法中，最大似然估计法、最小中值算法、随机抽样一致性算法使用最为普遍。③优化估计结果。当得到了初始的射影重建结果之后，为了均匀化误差和获得更精确的结果，通常需要对初始结果进行非线性优化。在 SfM 中对误差应用最精确的非线性优化方法就是光束法平差。光束法平差是在一定假设下认为检测到的图像特征中具有噪声，并对结构和可视参数分别进行最优化的一种方法。近年来，众多的光束法平差算法被提出，这些算法主要是解决光束法平差有效性和计算速度两个方面的问题。Ni 针对大规模场景重建，运用图像分割来优化光束法平差算法。Engels 针对不确定的噪声模型，提出局部光束法平差算法。Lourakis 提出了可以应用于超大规模三维重建的稀疏光束法平差算法。④得到场景的稠密描述。经过上述步骤后会生成一个稀疏的三维结构模型，但这种稀疏的三维结构模型不具有可视化效果，因此要对其进行表面稠密估计，恢复稠密的三维点云结构模型。近年来，学者们提出了各种稠密匹配的算法。Lhuillier 等人提出了能保持高计算效率的准稠密方法。Furukawa 提出的基于面片的多视图立体视觉算法是目前提出的准稠密匹配算法里效果最好的算法。

综上所述，SfM 方法对图像的要求非常低，鲁棒性和实用价值非常高，可以对自然地形及城市景观等大规模场景进行三维重建；不足的是运算量比较大，对特征点较少的弱纹理场景的重建效果比较一般。

特征统计学习法。特征统计学习法是通过学习的方法对数据库中的每个目标进行特征提取，然后对目标的特征建立概率函数，最后将目标与数据库中相似目标的相似程度表示为概率的大小，再结合纹理映射或插值的方法进行三维重建。该方法的优势在于只要数据库足够完备，任何和数据库目标一致的对象都能进行三维重建，而且重建质量和效率都很高；不足的是和数据库目标不一致的重建对象就很难得到理想的重建结果。

2. 基于立体视觉的三维重建技术

立体视觉三维重建是采用两台相机模拟人类双眼处理景物的方式，从两个视点观察同一场景，获得不同视角下的一对图像，然后通过左右图像间的匹配点恢复出场景中目标物体的三维信息。立体视觉方法不需要人为设置相关辐射源，可以进行非接触、自动、在线的检测，简单方便，可靠灵活，适应性强，使用范围广；不足的是运算量偏大，而且在基线距离较大的情况下重建效果明显降低。

随着上述各个研究方向所取得的积极进展，研究人员开始关注自动化、稳定、高效的三维重建技术的研究。

二、面临的问题和挑战

SfM 方法目前存在的主要问题和挑战是：

鲁棒性问题：SfM 方法鲁棒性较差，易受到光线、噪声、模糊等问题的影响，而且在匹配过程中，如果出现了误匹配问题，可能会导致结果精度下降。

完整性问题：SfM 方法在重建过程中可能由于丢失信息或不精确的信息而难以校准图像，从而不能完整地重建场景结构。

运算量问题：SfM 方法目前存在的主要问题就是运算量太大，导致三维重建的时间较长，效率较低。

精确性问题：目前 SfM 方法中的每一个步骤，如相机标定、图像特征提取与匹配等一直都无法得到最优化的解决，导致该方法易用性和精确度等指标无法得到更大提高。

针对以上这些问题，在未来一段时间内，SfM 方法的相关研究可以从以下几个方面展开：

（1）改进算法：结合应用场景，改进图像预处理和匹配技术，减少光线、噪声、模糊等问题的影响，提高匹配准确度，增强算法鲁棒性。

（2）信息融合：充分利用图像中包含的各种信息，使用不同类型传感器进行信息融合，丰富信息，提高完整度和通用性，完善建模效果。

（3）使用分布式计算：针对运算量过大的问题，采用计算机集群计算、网络云计算以及 GPU 计算等方式来提高运行速度，缩短重建时间，提高重建效率。

（4）分步优化：对 SfM 方法中的每一个步骤进行优化，提高方法的易用性和精确度，使三维重建的整体效果得到提升。

计算机视觉三维重建技术在近年来的研究中取得了长足的发展，其应用领域涉及工业、军事、医疗、航空航天等诸多行业。但是这些方法想要应用到实际中都还要更进一步地研究和考察。计算机视觉三维重建技术还需要在提高鲁棒性、减少运算复杂度、减小运行设备要求等方面加以改进。因此，在未来很长的一段时间内，仍需要在该领域做出更加深入细致的研究。

第三节　基于监控视频的计算机视觉技术

近年来，大规模分布式摄像头数量的迅速增长，使摄像头网络的监控范围迅速增大。摄像头网络每天都产生规模庞大的视觉数据，这些数据无疑是一笔巨大的宝藏，如果能够对其中的信息加以加工、利用，挖掘其价值，能够极大地方便人类的生产生活。然而，由于数据规模庞大，依靠人力进行手动处理数据，不但人力成本昂贵，而且不够精确。具体来讲，在监控任务中，如果给工作人员分配多个摄像头，很难保证同时进行高质量监视。即便每人只负责单个摄像头，也很难从始至终保持精力集中。此外，相比于其他因素，人工识别的基准性能主要取决于操作人员的经验和能力。这种专业技能很难快速交接给其他的操作人员，且由于人与人之间的差异，很难获得稳定的性能。随着摄像头网络覆盖面越来越广，人工识别的可行性问题越来越明显。因此在计算机视觉领域，学者对摄像头网络数据处理的兴趣越来越浓厚。本节将针对近年来计算机视觉技术在摄像头网络中的应用展开分析。

一、字符识别

随着私家车数量与日俱增，车主驾驶水平参差不齐，超速行驶、闯红灯等违章行为时有发生，交通监管的压力也越来越大。依靠人工识别违章车辆，其性能和效率都无法得到保障，需要依靠计算机视觉技术实现自动化。现有的车牌检测系统已拥有较为成熟的技术，识别准确率已经接近甚至超过人眼。光学字符识别技术是车牌检测系统的核心技术，该技术的实现过程分为以下步骤：首先，从拍摄的车辆图片中识别并分割出车牌；然后，查找车牌中的字符轮廓，根据轮廓逐一分割字符，生成若干包含字符的矩形图像；接下来，利用分类器逐一识别每个矩形图像中所包含的字符；最后，将所有字符的识别结果组合在一起得到车牌号。车牌检测系统提高了交通法规的执行效率和执行力度，对公共交通安全提供了有力保障。

二、人群计数

2014 年 12 月 31 日晚，在上海外滩跨年活动上发生的严重踩踏事故，导致 36 人死亡，49 人受伤。事件发生的直接原因是人群密度过大。活动期间大量游客涌入观景台，增大了事故发生的隐患及事故发生时游客疏散的难度。这一事件发生后，相关部门加强了对人流密度的监控，某些热点景区已投入使用基于视频监控的人群计数技术。人群计数技术大致分为三类：基于行人检测的模型、基于轨迹聚类的模型、基于特征的回归模型。其中，基于行人检测的模型通过识别视野中所有的行人个体，统计后得到人数。基于轨迹聚类的模型针对视频序列，首先识别行人轨迹，再通过聚类估计人数。基于特征的回归模型针对行人密集、难以识别行人个体的场景，通过提取整体图像的特征直接估计得到人数。人群计数在拥堵预警、公共交通优化方面具有重要价值。

三、行人再识别

在机场、商场此类大型分布式空间，一旦发生盗窃、抢劫等事件，肇事者在多个摄像头视野中交叉出现，给目标跟踪任务带来巨大挑战。在这一背景下，行人再识别技术应运而生。行人再识别的主要任务是分布式多摄像头网络中的“目标关联”，其主要目的是跟踪在不重叠的监控视野下的行人。行人再识别要解决的是当一个人在不同时间和物理位置出现时，对其进行识别和关联的问题，其具有重要的研究价值。近年来，行人再识别问题在学术研究和工业实验中越来越受关注。目前的行人再识别技术主要分为以下步骤：首先，对摄像头视野中的行人进行检测和分割；然后，对分割出来的行人图像提取特征；接下来，利用度量学习方法，计算不同摄像头视野下行人之间在高维空间的距离；最后，按照距离从近到远对候选目标进行排序，得到最相似的若干目标。由于根据行人的视觉外貌计算的视觉特征不够有判别力，特别是在图像像素低、视野条件不稳定、衣着变化甚至更加极端的条件下有着固有的局限性，要实现自动化行人再识别仍然面临巨大挑战。

四、异常行为检测

在候车厅、营业厅等人流量大、人员复杂的场所，或夜间的 ATM 机附近较容易发生犯罪行为的场景，发生斗殴、扒窃、抢劫等扰乱公共秩序行为的频率较高。为保障公共安全，可以利用监控视频数据对人体行为进行智能分析，一旦发现异常及时发出报警信号。异常行为检测方法可分为两类：一类是基于运动轨迹，跟踪和分析人体行为，判断其是否为异常行为；另一类是基于人体特征，分析人体各部位的形态和运动趋势，从而进行判断。目前，异常行为检测技术尚不成熟，存在一定的虚警、漏警现象，准确率有待提高。尽管如此，这一技术的应用可以大大减少人工翻看监控视频的工作量，提高数据分析效率。

基于监控视频的计算机视觉技术在交通优化、智能安防、刑侦追踪等领域具有重要的研究价值。近年来，随着深度学习、人工智能等研究领域的兴起，计算机视觉技术的发展突飞猛进，一部分学术成果已经转化为成熟的技术，应用在人们生活的方方面面，为人们提供着更加便捷、舒适、安全的环境。展望未来，在数据飞速增长的时代，挑战与机遇并存，相信计算机视觉技术会给我们带来更多的惊喜。

第四节　计算机视觉算法的图像处理技术

网络信息技术背景下，对于智能交互系统的真三维显示图像畸变问题，需要采用计算机视觉算法处理图像，实现图像的三维重构。本节以图像处理技术作为研究对象，对畸变图像科学建立模型，以 CNN 模型为基础，在图像投影过程中完成图像的校正。实验证明计算机视觉算法下图像校正效果良好，系统体积小、视角宽、分辨率较高。

过去，在传统的二维环境中物体只能显示侧面投影，随着科技的发展，人们创造出三维立体画面，并将其作为新型显示技术。本节通过设计一种真三维显示计算机视觉系统，提出计算机视觉算法对物体投影过程中畸变图像的矫正。这种图像处理技术与过去的 BP 神经网络相比，其矫正精度更高，可以被广泛应用于图像处理。

一、计算机图像处理技术

（一）基本含义

利用计算机处理图像需要对图像进行解析与加工，从中得到所需要的目标图像。图像处理技术应用时主要包含以下两个过程：转化要处理的图像，将图像变成计算机系统支持识别的数据，再将数据存储到计算机中，方便进行接下来的图像处理。将存储在计算机中的图像数据采用不同方式与计算方法，进行图像格式转化与数据处理。

（二）图像类别

计算机图像处理中，图像的类别主要有以下几种：模拟图像。这种图像在生活中很常见，有光学图像和摄影图像，摄影图像就是胶片照相机中的相片。计算机图像中模拟图像传输时十分快捷，但是精密度较低，应用起来不够灵活。数字化图像。数字化图像是信息技术与数字化技术发展的产物，随着互联网信息技术的发展，图像已经走向数字化。与模拟图像相比，数字化图像精密度更高，且处理起来十分灵活，是人们当前常见的图像种类。

（三）技术特点

图像处理技术的特点主要有以下几个方面：图像处理技术的精密度更高。随着社会经济的发展与技术的推动，网络技术与信息技术被广泛应用于各个行业，特别是图像处理方面，人们可以将图像数字化，最终得到二维数组。该二维数组在一定设备支持下可以对图像进行数字化处理，使二维数组发生任意大小的变化。人们使用扫描设备能够将像素灰度等级量化，灰度能够得到 16 位以上，从而提高技术精密度，满足人们对图像处理的需求。计算机图像处理技术具有良好的再现性。人们对图像的要求很简单，只是希望图像可以还原真实场景，让照片与现实更加贴近。过去的模拟图像处理方式会使图像质量降低，再现性不理想。应用图像处理技术后，数字化图像能够更加精准地反映原图，甚至处理后的数字化图像可以保持原来的品质。此外，计算机图像处理技术能够科学保存图像、复制图像、传输图像，且不影响原有图像质量，有着较高的再现性。计算机图像处理技术应用范围广。不同格式的图像有着不同的处理方式，与传统模拟图像处理相比，该技术可以对不同信息源图像进行处理，不管是光图像、波普图像，还是显微镜图像与遥感图像，甚至是航空图片都能够在数字编码设备的应用下成为二维数组图像。因此，计算机图像处理技术应用范围广，无论是哪一种信息源都可以将其数字化处理，并存入计算机系统中，在计算机信息技术的应用下处理图像数据，从而满足人们对现代生活的需求。

二、计算机视觉显示系统设计

（一）光场重构

真三维立体显示与二维像素相对应比较，真三维可以将三维数据场内每一个点都在立体空间内成像。成像点就是三维成像的体素点，一系列体素点构成了真三维立体图像，应用光学引擎与机械运动的方式可以将光场重构。阐述该技术的原理，可以使用五维光场函数去分析三维立体空间内的光场函数，即 F: $L \in R5 \rightarrow I \in R3$，$L=[x, y, z, \phi, \Phi]$，这是五维光场函数中空间点的三维坐标和坐标下方向，代表的是该数字化图像的颜色信息。

接下来，可以对点集 L 中的 h 深度子集进行光场三维重构。将点集按照深度进行划分，最终可以划分成多个子集，任意一个子集都可以利用散射屏幕与二维投影形成光场重构，且这种重构后的图像是三维状态的。经过研究表明，应用二维投影技术可以对切片图像实现重构，且该技术实现的高速旋转状态，重构的图像也属于三维光场范围。

（二）显示系统设计

本小节以计算机视觉算法为基础，阐述图像处理技术。技术实现过程中需要应用 ARM 处理装置，在该装置的智能交互作用下实现真三维显示系统，人们可以从各个角度观看成像。真三维显示系统中，成像的分辨率很高，体素能够达到 30M。与过去的旋转式 LED 点阵体三维相比，这种柱形状态的成像方式虽然可以重构三维光场，但是该成像视场角不大，分辨率也不高。

人们在三维环境中拍摄物体，需要以三维为基础展示物体，然后将投影后的物体成像序列存储在 SDRAM 内。应用 FPGA 视频采集技术，在技术的支持下将图像序列传导入 ARM 处理装置内，完成对图像的切片处理，图像数据信息进入 DVI 视频接口，并在 DMD 控制设备处理后，图像信息进入高速投影机。经过一系列操作，最终 DLP 可以将数字化图像朝着散射屏的背面实现投影。想要实现图像信息的高速旋转，需要应用伺服电机，在电机的驱动下，转速传感器可以探测到转台的角度和速度，并将探测到的信号传递到控制器中，形成对转台的闭环式控制。

当伺服电机运动在高速旋转环境中，设备也会将采集装置位置信息同步，DVI 信号输出帧频，控制器产生编码，这个编码就是 DVI 帧频信号。这样做可以确保散射屏与数字化图像投影之间拥有同步性，该智能交互真三维显示装置由转台和散射屏构成，其中还有伺服电机、采集设备、高速旋转投影机、控制器与 ARM 处理装置，此外还包括体态摄像头组与电容屏等其他部分。

三、图像畸变矫正算法

（一）畸变矫正过程

在计算机视觉算法应用下，人们可以应用计算机处理畸变图像。当投影设备对图像垂直投影时，随着视场的变化，其成像垂轴的放大率也会发生变化，这种变化会让智能交互真三维显示装置中的半透半反屏像素点发生偏移，如果偏移程度过大，图像就会发生畸变。因此，人们需要采用计算机图像处理技术对畸变后的图像进行校正。由于图像发生了几何变形，就要基于图像畸变校正算法对图片进行几何校正，从发生畸变图像中尽可能地消除畸变，且将图像还原到原有状态。这种处理技术就是将畸变后的图像在几何校正中消除几何畸变。投影设备中主要有径向畸变和切向畸变两种，但是切向畸变在图像畸变方面影响程度不高，因此人们在研究图像畸变算法时会将其忽略，主要以径向畸变为主。

径向畸变又有桶形畸变和枕形畸变两种，投影设备产生图像的径向畸变最多的是桶形畸变。对于这种畸变的光学系统，其空间直线在图像空间中，除了对称中心是直线以外，其他的都不是直线。人们进行图像矫正处理时，需要找到对称中心，然后开始应用计算机视觉算法进行图像的畸变矫正。

正常情况下，图像畸变都是因为空间状态的扭曲而产生的，也被人们称为曲线畸变。过去人们使用二次多项式矩阵解对畸变系数加以掌握，但是一旦遇到情况复杂的图像畸变，这种方式也无法准确描述。如果多项式次数更高，那么畸变处理就需要更大矩阵的逆，不利于接下来的编程分析与求解计算。随后人们提出了在 BP 神经网络基础上的畸变矫正方式，其精度有所提高。下面以计算机视觉算法为基础，将该畸变矫正方式进行深化，提出卷积神经网络畸变图像处理技术。与之前的BP神经网络图像处理技术相比，其权值共享网络结构和生物神经网络很相似，有效降低了网络模型的难度和复杂程度，也减少了权值数量，提高了畸变图像的识别能力和泛化能力。

（二）畸变图像处理

作为人工神经网络的一种，卷积神经网络可以使图像处理技术更好地实现。卷积神经网络有着良好的稀疏连接性和权值共享行，其训练方式比较简单，学习难度不大，这种连接方式更加适合用于畸变图像的处理。畸变图像处理中，网络输入以多维图像输入为主，图像可以直接穿入网络中，无需向过去的识别算法那样重新提取图像数据。不仅如此，在卷积神经网络权值共享下的计算机视觉算法能够减少训练参数，在控制容量的同时，保证图像处理拥有良好的泛化能力。

如果某个数字化图像的分辨率为227×227，将其均值相减之后，神经网络中拥有两个全连接层与五个卷积层。将图像信息转化为符合卷积神经网络计算的状态，卷积神经网络也需要将分辨率设置为227×227。由于图像可能存在几何畸变，考虑可能出现的集中变形形式，按照检测窗比例情况，将其裁剪为特定大小。

四、基于计算机视觉算法图像处理技术的程序实现

基于上文中提到的计算机视觉算法，对畸变图像模型加以确定。本小节提出的图像处理技术程序实现应用到了Matlab软件，选择图像处理样本时以1000幅畸变和标准图像组为主；应用了系统内置Deep Learning工具包，撰写了基于畸变图像算法的图像处理与矫正程序，矫正时将图像每一点在畸变图像中映射，然后使用灰度差值确定灰度值。这种图像处理方法有着低通滤波特点，图像矫正的精度比较高，不会有明显的灰度缺点存在。因此，应用双线性插值法，在图像畸变点周围四个灰度值计算畸变点灰度情况。

当图像受到几何畸变后，可以按照上文提到的计算机视觉算法输入CNN模型，再科学设置卷积与降采样层数量、卷积核大小、采样降幅，设置后根据卷积神经网络的内容选择输出位置。根据灰度差值中双线性插值算法，进一步确定畸变图像点位灰度值。随后，对每一个图像畸变点都采用这种方式操作，不断重复，直到将所有的畸变点处理完毕，最终就能够在画面中得到矫正之后的完整图像。

为了尽可能地降低卷积神经网络运算的难度，降低图像处理时间，建议将畸变矫正图像算法分为两部分。第一部分为CNN模型处理，第二部分为实施矫正参数计算。在校正过程中需要提前建立查找表，并以此作为常数表格，将其存在足够大的空间内，根据已经输入的畸变图像，按照像素实际情况查找表格，结合表格中的数据信息，按照对应的灰度值，将其替换成当前灰度值即可完成图像处理与畸变校正。不仅如此，还可以

在卷积神经网络计算机算法初始化阶段，根据位置映射表完成图像的 CMM 模型建立，在模型中进行畸变处理，然后系统生成查找表。按照以上方式进行相同操作，计算对应的灰度值，再将当前的灰度值进行替换，当所有畸变点的灰度值都替换完毕后，该畸变图像就完成了实时畸变矫正，其精准度较高，难度较小。

总而言之，随着网络技术与信息技术的日渐普及，传统的模拟图像已经被数字化图像取代，人们享受数字化图像的高清晰度与真实度，但对于图像畸变问题，还需要进一步研究图像的畸变矫正方法。在计算机视觉计算基础上，本节采用卷积神经网络进行图像畸变计算，按照合理的灰度值计算，有效提高了图像的清晰度，并完成了图像的几何畸变矫正。

第五节　计算机视觉图像精密测量下的关键技术

近代测量使用的方法基本上是人工测量，但人工测量无法一次性达到设计要求的精度，需要进行多次的测量再进行手工计算，求取接近设计要求的数值。这样做的弊端在于需要大量的人力且无法精准的达到设计要求精度，于是在现代测量中出现了计算机视觉精密测量，这种方法集快速、精准、智能等优势于一体，在测量中受到了更多的追捧及广泛的使用。

在现代城市的建设中离不开测量的运用，对于测量而言需要精确的数值来表达建筑物、地形地貌等特征及高度。在以往的测量中无法精准地进行计算及在施工中无法精准的达到设计要求。本节就计算机视觉图像精密测量进行分析，并对其关键技术做以简析。

一、概论

（一）什么是计算机视觉图像精密测量

计算机视觉精密测量从定义上来讲是一种新型的、非接触性测量。它是集计算机视觉技术、图像处理技术及测量技术于一体的高精度测量技术，且将光学测量的技术融入当中，这样让它具备了快速、精准、智能等方面的优势及特性。这种测量方法在现代测量中被广泛使用。

（二）计算机视觉图像精密测量的工作原理

计算机视觉图像精密测量的工作原理类似于测量仪器中的全站仪。它们具有相同的特点及特性，主要还是通过微电脑进行快速的计算处理得到使用者需要的测量数据。其原理简单分为以下几步：

（1）对被测量物体进行图像扫描，在对图像进行扫描时需注意外界环境及光线因素，特别注意光线对仪器扫描的影响。

（2）形成比例的原始图，在对物体进行扫描后得到与现实原状相同的图像，这与相机的拍照原理几乎相同。

（3）提取特征，通过微电子计算机对扫描形成的原始图进行特征提取，在设置程序后，仪器会自动进行相应特征部分的关键提取。

（4）分类整理，对图像特征进行有效的分类整理，主要对操作人员所需求的数据进行整理分类。

（5）形成数据文件，在完成以上四个步骤后微计算机会对整理分类出的特征进行数据分析存储。

（三）主要影响

从施工测量及测绘角度分析，对于计算机视觉图像精密测量的影响在于环境的影响。其主要分为地形影响和气候影响。地形影响对于计算机视觉图像精密测量是有限的，基本对计算机视觉图像精密测量的影响不是很大，但还是存在一定影响的。主要体现在遮挡物对于扫描成像的影响，如果扫描成像质量较差，会直接影响对特征物的提取及数据的准确性。还存在气候影响，气候影响的因素主要在于大风及光线影响。大风对于扫描仪器的稳定性具有一定的考验，如有稍微抖动就会出现误差不能准确地进行精密测量。

二、计算机视觉图像精密测量下的关键技术

计算机视觉图像精密测量下的关键技术主要分为以下几种：

（一）自动进行数据存储

对计算机视觉图像精密测量的原理分析，参照计算机视觉图像精密测量的工作原理，对设备的质量要求很高，计算机视觉图像精密测量仪器主要还是通过计算机来进行数据的计算处理，如果遇到计算机系统老旧或处理数据量较大，会导致计算机系统崩溃，导致计算结果无法进行正常的存储。为了避免这种情况的发生，需要对测量成果技术进行有效的存储。将测量数据成果存储在固定、安全的存储媒介中，保证数据的安全性。如果遇到计算机系统崩溃等无法正常运行的情况时，应及时将数据进行备份存储，快速还原数据。在对前期测量数据再次进行测量或多次测量时，系统会对这些数据进行统一对比，如果出现多次测量结果有所出入，系统会进行提示。这样就可以避免数据存在较大的误差。

（二）减小误差概率

在进行计算机视觉图像精密测量时往往会出现误差，而导致这些误差的原因主要存在于操作人员与机器系统故障，在进行操作前操作员应对仪器进行系统性的检查，再次使用仪器中的自检系统，保证仪器的硬件与软件的正常运行，如果硬软件出现问题会导致测量精度的误差，从而影响工作的进度。人员操作也会导致误差，人员操作的误差在某些方面来说是不可避免的。这主要是对操作人员工作的熟练程度的一种考验。减少人员操作中的误差，就要做好人员的技术技能培训工作。让操作人员有过硬过强的操作技术，在这些基础上再建立完善的体制制度，利用多方面进行全面控制误差。

（三）方便便携

在科学技术发展的今天我们在生活当中运用到东西逐渐在形状、外观上发生巨大的变化。近年来，对于各种仪器设备的便携性提出了很高的要求，在计算机视觉图像精密测量中对设备的外形体积要求、系统要求更为重要，其主要在于人员方便携带可在大范围及野外进行测量，不受环境等特殊情况的限制。

三、计算机视觉图像精密测量的发展趋势

目前我国国民经济快速发展，我们对于精密测量的要求越来越高，特别是近年我国科技技术的快速发展及需要，很多工程及工业方面已经超出我们所能测试的范围。在这样的前景下，笔者对计算机视觉图像精密测量的发展趋势进行一个预估，其主要发展趋势有以下几个方面。

（一）测量精度

在日常生活中，我们常用的长度单位基本在毫米级别，随着科技的发展，毫米级别已经不能满足工业方面的要求，如航天航空方面。所以提高测量精度也是计算机视觉图像精密测量发展趋势的重要方向，主要在于提高测量精度，向微米级及纳米级别发展，同时提高成像图像方面的分辨率，进而达到我们预测的目的。

（二）图像技术

计算机的普及对于各行各业的发展都具有时代性的意义，在计算机视觉图像精密测量中运用图像技术也是非常重要的，同时工程方面遥感测量的技术也是对精密测量的一种推广。

在科技发展的现在，测量是生活中不可缺少的一部分，测量同时也影响着我们的衣食住行，在测量技术中加入计算机视觉图像技术是对测量技术的一种革新。在融入这种

技术后,笔者相信在未来的工业及航天事业中计算机视觉图像技术能发挥出最大的作用,为改变人们的生活做出杰出的贡献。

第七章　网络安全检测技术

计算机网络的发展及计算机应用的深入和广泛，使得网络安全问题日益突出和复杂，保障计算机网络安全逐渐成为数据通信领域产品研发的总趋势，现代网络安全成了网络专家分析和研究的热点课题。计算机网络安全检测技术就是在这种背景下被提出的，该技术研发的目的是为保证计算机网络服务的可用性，以及计算机网络用户信息的完整性、保密性，本章将对网络安全检测技术进行分析。

第一节　网络安全检测技术概述

在网络安全保障体系中，仅靠系统安全防护技术是不够的，还需要通过网络安全检测技术来检测和感知当前网络系统安全状态，其检测结果可作为评估网络系统安全风险、修补系统安全漏洞、加强网络安全管理的重要依据。

目前，网络安全检测技术主要有以下几种。

1. 安全漏洞扫描技术

安全漏洞扫描技术用于检测一个网络系统潜在的安全漏洞，通过安装补丁程序及时修补安全漏洞，不给网络入侵、病毒传播提供可乘之机，建立健康的网络环境。

2. 网络入侵检测技术

网络入侵检测技术用于检测一个网络系统可能存在的网络攻击、入侵行为及异常操作等安全事件，为改进安全管理、优化安全配置、修补安全漏洞及追查攻击者提供科学依据。

3. 恶意程序检测技术

恶意程序检测技术用于检测和清除一个网络系统可能存在的病毒、木马及后门等恶意程序，防止恶意程序窃取信息或破坏系统。同时促进用户改变不良上网习惯，提高安全防范意识。

由此可见，网络安全检测技术是十分重要的，也是构建网络安全环境、提高网络安全管理水平必不可少的安全措施。

第二节　安全漏洞扫描技术

安全漏洞扫描技术是网络安全管理技术的一个重要组成部分，它主要用于对一个网络系统进行安全检查，寻找和发现其中可被攻击者利用的安全漏洞和隐患。安全漏洞扫描技术通常采用两种检测方法：基于主机的检测方法和基于网络的检测方法。基于主机的检测方法是对一个主机系统中不适当的系统设置、脆弱的口令、存在的安全漏洞及其他安全弱点等进行检查。基于网络的检测方法是通过执行特定的脚本文件对网络系统进行渗透测试和仿真攻击，并根据系统的反应来判断是否存在安全漏洞。检测结果将指出系统所存在的安全漏洞及危险级别。

一、系统安全漏洞分析

一个网络系统不仅包含各种交换机、路由器、安全设备和服务器等硬件设备，还包含各种操作系统平台、服务器软件、数据库系统及应用软件等软件系统，系统结构十分复杂。从系统安全角度来看，任何一个部分要想做到万无一失都是非常困难的，而任何一个疏漏都有可能导致安全漏洞，给攻击者造成可乘之机，有可能带来严重的后果。然而，在大多数情况下，一个网络系统建成并运行后，往往不做系统安全性测试和检测，并不知道系统是否存在安全漏洞，只是在发生网络攻击事件并造成严重的后果后，才意识到安全漏洞的危害性。根据美国联邦调查局的统计，世界上所发生的网络攻击事件中，80% 以上是因为系统存在安全漏洞被内部或外部攻击者利用造成的。

从网络攻击的角度来分类，常见的网络攻击方法可分成以下几种类型：扫描、探测、数据包窃听、拒绝服务、获取用户账户、获取超级用户权限、利用信任关系及恶意代码等。攻击者入侵网络系统主要采用两种基本方法：社会工程和技术手段。基于社会工程的入侵方法是攻击者通过引诱、欺骗等各种手段来诱导用户，使用户在不经意间泄露他们的用户名和口令等身份信息，然后利用用户身份信息轻易地入侵网络系统。基于技术手段的入侵方法是攻击者利用系统设计、配置和管理中的漏洞来入侵系统，技术入侵手段主要有以下几种。

1. 潜在的安全漏洞

任何一种软件系统都或多或少地存在着安全漏洞。在当前的技术条件下，发现和修补一个系统中所有的潜在安全漏洞是十分困难的，也是不可能的。一个系统可能存在的安全漏洞主要集中在以下几个方面。

（1）口令漏洞：通过破解操作系统口令来入侵系统是常用的攻击方法，使用一些口令破解工具可以扫描操作系统的口令文件。任何弱口令或不及时更新口令的系统，都容易受到攻击。

（2）软件漏洞：在 Windows、Linux、UNIX 等操作系统及各种应用软件中都可能存在某种安全缺陷和漏洞，如缓冲区溢出漏洞等，攻击者可以利用这些安全漏洞对系统进行攻击。

（3）协议漏洞：某些网络协议的实现存在安全漏洞，如 IMAP 和 POP3 协议必须在 Linux/UNIX 系统根目录下运行，攻击者可以利用这一安全漏洞对 IMAP 进行攻击，破坏系统的根目录，从而取得超级用户的特权。

（4）拒绝服务：利用 TCP/IP 协议的特点和系统资源的有限性，通过产生大量虚假的数据包来耗尽目标系统的资源，如 CPU 周期、内存和磁盘空间、通信带宽等，使系统无法处理正常的服务，直到过载而崩溃。典型的拒绝服务攻击有 SYN flood、FIN flood、ICMP flood、UDP flood 等。虚假的数据包还会使一些基于失效开放策略的入侵检测系统产生拒绝服务。所谓失效开放，是指系统在失效前不会拒绝访问。由于虚假的数据包会诱使这种失效开放系统去响应那些并未发生的攻击，结果阻塞了合法的请求或是断开合法的连接，最终导致系统拒绝服务。

2. 可利用的系统工具

很多系统都提供了用于改进系统管理和服务质量的系统工具，但这些系统工具同时也会被攻击者利用，非法收集信息，为攻击打开方便之门。

（1）Windows NT NBTSTAT 命令：系统管理员使用该命令来获取远程节点信息，但攻击者也可使用该命令来收集一些用户和系统信息，如管理员身份信息、NetBIOS 名、Web 服务器名、用户名等，这些信息有助于提高口令破解的成功率。

（2）Ports can 工具：系统管理员使用该工具检查系统的活动端口及这些端口所提供的服务，攻击者也可出于同一目的而使用这一工具。

（3）数据包探测器（Packet Sniffer）：系统管理员使用该工具监测和分析数据包，以便找出网络的潜在问题。攻击者也可利用该工具捕获网络数据包，从这些数据包中提取出可能包含明文口令和其他敏感信息，然后利用这些数据来攻击网络。

3. 不正确的系统设置

不正确的系统设置也是造成系统安全隐患的一个重要因素。当发现安全漏洞时，管理员应当及时采取补救措施，如对系统进行维护、对软件进行升级等，然而由于一些网络设备（如路由器、网关等）配置比较复杂，系统还可能会出现新的安全漏洞。

4. 不完善的系统设计

不完善的网络系统架构和设计是比较脆弱的，存在着较大的安全隐患，将会给攻击者可乘之机。例如，Web 应用系统架构不完善，存在服务器配置不当、安全防护缺失等漏洞，攻击者利用这些漏洞获取 Web 服务器的敏感信息，或者植入恶意程序。

攻击者在实施网络攻击前，首先需要寻找一个网络系统的各种安全漏洞，然后利用这些安全漏洞来入侵网络系统。系统安全漏洞大致可分成以下几类。

（1）软件漏洞：任何一种软件系统都或多或少存在一定的脆弱性，安全漏洞可以看作已知的系统脆弱性。例如，一些程序只要接收到一些异常或者超长的数据和参数，就会引起缓冲区溢出。这是因为很多软件在设计时忽略或很少考虑安全性问题，即使在软件设计中考虑了安全性，也往往因为开发人员缺乏安全培训或安全经验而造成了安全漏洞。这种安全漏洞可以分为两种：一是由于操作系统本身的设计缺陷所带来的安全漏洞；二是应用程序的安全漏洞——这种漏洞最常见，更需要引起高度的重视。

（2）结构漏洞：在一些网络系统中忽略了网络安全问题，没有采取有效的网络安全措施，使网络系统处于不设防状态；在一些重要网段中，交换机等网络设备设置不当，造成网络流量被监听。

（3）配置漏洞：在一些网络系统中忽略了安全策略的制定，即使采取了一定的网络安全措施，但由于系统的安全配置不合理或不完整，安全机制没有发挥作用；在网络系统发生变化后，由于没有及时更改系统的安全配置而造成安全漏洞。

（4）管理漏洞：由于网络管理员的疏漏和麻痹造成的安全漏洞。例如，管理员口令太短或长期不更换，造成口令漏洞；两台服务器共用同一个用户名和口令，如果一个服务器被入侵，则另一个服务器也不能幸免。

从这些安全漏洞来看，既有技术因素，也有管理因素和人员因素。实际上，攻击者正是分析了与目标系统相关的技术因素、管理因素和人员因素后，寻找并利用其中的安全漏洞来入侵系统的。因此，必须从技术手段、管理制度和人员培训等方面采取有效的措施来防范和控制，只靠技术手段是不够的，还必须从制定安全管理制度、培养安全管理人员和加强安全防范意识教育等方面来提高网络系统的安全防范能力和水平。

二、安全漏洞检测技术

目前，安全漏洞检测技术主要有静态检测技术、动态检测技术及漏洞扫描技术等。下面重点介绍前两种技术。

1. 静态检测技术

静态检测技术属于白盒测试方法，通过分析程序执行流程来建立程序工作的数学模型，然后根据对数学模型的分析，发掘出程序中潜在的安全缺陷。静态检测的对象通常是源代码，常用的静态检测方法主要有词法分析、数据流分析、模型检验和污点传播分析等。

（1）词法分析。词法分析方法是将源文件处理为token流，然后将token流与程序缺陷结构进行匹配，以查找不安全的函数调用。该方法的优点是能够快速地发现软件中的不安全函数，检测效率较高。缺点是由于没有考虑源代码的语义，不能理解程序的运行行为，因此漏报和误报率比较高。基于该方法的分析工具主要有ITS4、Check mar、RATS等。

（2）数据流分析。数据流分析方法是通过确定程序某点上变量的定义和取值情况来分析潜在的安全缺陷，首先将代码构造为抽象语法树和程序控制流图等模型，然后通过代数方法计算变量的定义和使用，描述程序运行时的行为，进而根据相应的规则发现程序中的安全漏洞。该方法的优点是分析能力比较强，适合对内存访问越界、常数传播等问题进行分析检查。缺点是分析速度比较慢、检测效率比较低。基于该方法的分析工具主要有Coverity，Kloe-worw、JLint等。

（3）模型检验。模型检验方法是通过状态迁移系统来判断程序的安全性质，首先将软件构造为状态机或者有向图等抽象模型，并使用模态或时序逻辑公式等形式化方法来描述安全属性，然后对模型进行遍历检查，以验证软件是否满足这些安全属性。该方法的优点是对路径和状态的分析比较准确；缺点是处理开销较大，因为需要穷举所有的可能状态，特别是在数据密集度较大的情况下。基于该方法的分析工具主要有MOPS、SLAM、Java Path Finder等。

（4）污点传播分析。污点传播分析方法是通过静态跟踪不可信的输入数据来发现安全漏洞，首先通过对不可信的输入数据进行标记，静态跟踪和分析程序运行过程中污点数据的传播路径，发现污点数据的不安全使用方式，进而分析出由于敏感数据（如字符串参数）被改写而引发的输入验证类漏洞，如SQL注入、跨站点脚本等漏洞。该方法主要适用于输入验证类漏洞的分析，典型的分析工具是Pixy，它是一种针对PHP语言的污点传播分析工具，用于发掘PHP应用中SQL注入、跨站点脚本等类型的安全漏洞，具有检测效率高、误报率低等优点。

综上所述，静态检测技术具有以下特点：

第一，具有程序内部代码的高度可视性，可以对程序进行全面分析，能够保证程序的所有执行路径得到检测，而不局限于特定的执行路径；

第二，可以在程序执行前检验程序的安全性，能够及时对所发现的安全漏洞进行修补；

第三，不需要实际运行被测程序，不会产生程序运行开销，自动化程度高。

静态检测技术也存在以下缺点：

第一，通用性较差，一般需要针对某种程序语言及其应用平台来设计特定的静态检测工具，具有一定的局限性；

第二，静态检测的漏报率和误报率高，需要在二者之间寻求一种平衡；

第三，分析对象通常是源代码。

对于可执行代码，需要通过反汇编工具转换成汇编程序，然后对汇编程序进行分析，大大增加了工作量。

2. 动态检测技术

动态检测技术属于黑盒测试技术，通过运行具体程序并获取程序的输出或内部状态等信息，根据对这些信息的分析，检测出软件中潜在的安全漏洞。动态检测的对象通常是二进制可执行代码，常见的动态检测方法主要有渗透测试、模糊测试、错误注入和补丁比对等。

（1）渗透测试。渗透测试是经典的动态检测技术，测试人员通过模拟攻击方式对软件系统进行安全性测试，检测出软件系统中可能存在的代码缺陷、逻辑设计错误及安全漏洞等。

渗透测试最早用于操作系统安全性测试中，现在被广泛用于对 Web 应用系统的安全漏洞检测。通常，Web 应用系统渗透测试分为被动阶段和主动阶段，在被动阶段，测试人员需要尽可能地去收集被测 Web 应用系统的相关信息，如通过使用 Web 代理观察 HTTP 请求和响应等，了解该应用的逻辑结构和所有的注入点；在主动阶段，测试人员需要从各个角度、使用各种方法对被测系统进行渗透测试，主要包括配置管理测试、业务逻辑测试、认证测试、授权测试、会话管理测试、数据验证测试、拒绝服务测试、Web 服务测试和 AJAX 测试等。

对 Web 应用系统进行渗透测试的基本步骤如下：

1）测试目标定义：确定测试范围，建立测试规则，明确测试对象和测试目的。

2）背景知识研究：搜集测试目标的所有背景资料，包括系统设计文档、源代码、用户手册、单元测试和集成测试的结果等。

3）漏洞猜测：测试人员根据对系统的了解和自己的测试经验猜测系统中可能存在的漏洞，形成漏洞列表，随后对漏洞列表进行分析和过滤，排列出待测漏洞的优先级。

4）漏洞测试：根据漏洞类型生成测试用例，使用测试工具对被测程序进行测试，确认漏洞是否存在。

5）推测新漏洞：根据所发现的漏洞类型推测系统中可能存在的其他类似漏洞，并进行测试。

6）修补漏洞：提出修改完善软件源代码的方法，对已发现的漏洞进行修补。

在 Web 应用系统安全性测试中，常用的渗透测试工具有 Burp Suite、Paros、Nikto 等。

（2）模糊测试。模糊测试技术的基本思想是自动产生大量的随机或经过变异的输入值，然后提交给软件系统，一旦软件系统发生失效或异常现象，说明软件系统中存在着薄弱环节和安全漏洞。与传统的黑盒测试方法相比，模糊测试技术主要侧重于任何可能引发未定义或者不安全行为的输入，其优点是简单、有效、自动化程度高及可复用性强等，缺点是测试数据冗余度大、检测效率低、代码覆盖率不足等。

模糊测试技术是 Web 应用系统安全漏洞检测中常用的测试技术，它模拟攻击者的行为，产生大量异常、非法、包含攻击载荷的模糊测试数据，提交给 Web 应用系统，同时监测 Web 应用系统的反应，检测 Web 应用系统中是否存在安全漏洞。在 Web 应用系统安全漏洞检测中，常用的模糊测试工具有 Web-Scarab、WS Fuzzer、SPIKE Proxy、Web Fuzz、Web in spect 等。

目前，模糊测试技术存在的主要问题如下：

1）测试自动化程度低。大部分工具在模糊数据的生成及对被测对象检测结果分析等过程中都需要人工参与，自动化程度不高。例如，Wfuzz 等工具需要测试人员提供正常请求并对其中需要模糊化的变量进行标记才能生成一系列模糊数据。

2）检测的漏洞类型较少。一些工具只能对少数几种特定类型的安全漏洞进行模糊测试。例如，Web Fuzz 等工具只能检测 Web 应用系统中的 SQL 注入和跨站点脚本等类型的安全漏洞，漏洞发掘能力有限。

3）漏洞检测的漏报率和误报率高。一些工具的模糊数据生成及漏洞检测方法较为简单，造成测试结果中漏洞的漏报率和误报率比较高。例如，Web Fuzz 等工具只是通过在原始请求中简单地插入攻击载荷的方式来生成模糊数据，在漏洞检测上也只是简单地查找返回的 Web 网页中是否存在特定的内容。

4）工具的可扩展性较差。例如，Web Fuzz 等工具在设计上均存在耦合程度高、可扩展性差等问题，对新漏洞类型的扩展比较困难。

5）测试结果的展示不够直观。大部分工具在测试结果的展示上都不够直观，有的甚至仅提供模糊测试的执行日志。例如，WS Fuzzer、Wfuzz 等需要人工对数百条记录进行分析来确定其中的哪些测试数据引发了被测对象的安全漏洞。

（3）错误注入。错误注入技术最早用于对硬件设备的可靠性测试，其基本思想是按照一定的错误模型，人为地生成错误数据，然后注入被测系统中，促使系统崩溃或失效的发生，通过观察系统在错误注入后的反应，对系统的可靠性进行验证和评价。

后来，错误注入技术被应用于软件测试，主要用于软件的可靠性和安全性测试，既可以采用黑盒方法来实现，也可以采用白盒方法实现。例如，在应用软件测试中，采用一种称为环境—应用交互故障模型（EAI）的环境错误注入方法，EAI 模型认为系统是由环境与应用软件组成的，并对环境错误进行分类。当环境出现错误而应用软件不能适应时，就可能产生安全问题。

错误注入技术的优点是易于形成系统化方法，有助于实现软件自动化测试。缺点是由于没有考虑应用系统内部的运行状态，仅注入环境错误并不能对应用系统安全漏洞进行全面的检测。

（4）补丁比对。补丁比对技术的基本思想是通过对补丁前和补丁后两个二进制文件的对比分析，找出两个文件的差异点，定位其中的安全漏洞。目前常用的补丁比对方法主要有二进制文件比对、汇编程序比对和结构化比对等。

二进制文件比对方法是一种最简单的补丁比对方法，通过对两个二进制文件的直接对比，定位其中的安全漏洞。该方法的主要缺点是容易产生大量的误报情况，漏洞定位准确性较差，检测结果不容易理解，因此仅适用于文件中变化较少的情况。

汇编程序比对方法是首先将两个二进制文件反汇编成汇编程序，然后对两个汇编程序进行对比分析。该方法比二进制文件比对方法有所进步，但是仍然存在输出结果范围大、误报率高和漏洞定位不准确等缺点。另外，在反汇编时，很容易受编译器编译优化的影响，结果会变得非常复杂。

结构化比对方法的基本思想是给定两个待比对的文件 A1 和 A2，将 A1 和 A2 的所有函数用控制流图来表示。该方法从逻辑结构的层次上对补丁文件进行了分析。但是，当待比对的两个二进制文件较大时，结构化比对的运算量和存储量都非常巨大，程序的执行效率比较低，并且漏洞定位准确性也不高。

综上所述，动态检测技术通常是在真实的运行环境中对被测对象进行测试，直接模拟攻击者的行为，因此其测试结果往往具有更高的准确性，漏报率和误报率相对比较低。此外，动态检测技术不需要源代码，具有较高的灵活性。通常，各种安全漏洞扫描系统都是采用动态检测技术实现的。

三、安全漏洞扫描系统

安全漏洞扫描系统主要采用动态检测技术对一个网络系统可能存在的各种安全漏洞进行远程检测，不同安全漏洞的检测方法是不同的，将各种安全漏洞检测方法集成起来，组成一个安全漏洞扫描系统。

通常，安全漏洞扫描系统有两种实现方式：主机方式和网络方式。主机漏洞扫描系统安装在一台计算机上，主要用于对该主机系统的安全漏洞扫描。网络漏洞扫描系统采用客户 / 服务器架构，主要用于对一个网络系统，包括各种主机、服务器、网络设备及软件平台（如 Web 服务系统、数据库管理系统等）的安全漏洞扫描。通常，网络漏洞扫描系统由客户端和服务器两个部分组成。

1. 客户端

它是操纵安全漏洞扫描系统的用户界面，也称控制台。用户通过用户界面定义被扫描的目标系统、目标地址及扫描任务等，然后提交给服务器执行扫描任务。当扫描结束后，服务器返回扫描结果，显示在客户端屏幕上。

2. **服务器**

它是安全漏洞扫描系统的核心，主要由扫描引擎和漏洞库组成。

（1）扫描引擎：它是系统的主控程序。在接收到用户的扫描请求后，调用漏洞库中的各种漏洞检测方法对目标系统进行安全漏洞扫描，根据目标系统的反应来判断是否存在安全漏洞，然后将扫描结果返回给客户端。对于检测出的安全漏洞，给出漏洞名称、编号、类型、危险等级、漏洞描述及修复措施等信息。

（2）漏洞库：使用特定编程语言编写的各种安全漏洞检测算法集合。通常，漏洞检测算法采用插件技术进行封装，一种漏洞检测算法对应一个插件。扫描引擎通过调用插件来执行漏洞扫描。对于新发现的安全漏洞及其检测算法，可以通过增加插件的方法加入漏洞库中，有利于漏洞库的维护和扩展。另外，一些安全漏洞扫描系统还提供了专用脚本语言来实现安全漏洞检测算法编程，这种脚本语言不仅功能强大，而且简单易学，往往使用十几行代码就可以实现一种安全漏洞的检测，大大简化了插件编程工作。

由于安全漏洞扫描系统是基于已知的安全漏洞知识，因此漏洞库的扩展和维护显得十分重要。CERT（Computer Emergency Response Team）、CVE（Common Vulnerabilities and Exposures）等有关国际组织不定期在网上公布新发现的安全漏洞，包括漏洞名称、编号、类型、危险等级、漏洞描述及修复措施等，我国也建立了国家信息安全漏洞共享平台（CNVD），规范了安全漏洞扫描插件开发和升级。

在实际应用中，不论是主机漏洞扫描系统还是网络漏洞扫描系统，及时更新漏洞库是十分重要的，以便漏洞扫描系统及时检测到新的安全漏洞。对于检测到安全漏洞，应当及时安装补丁程序或升级软件版本，消除安全漏洞对系统安全的威胁。

四、漏洞扫描方法举例

利用网络安全漏洞扫描系统可以对网络中任何系统或设备进行漏洞扫描，搜集目标系统相关信息，如各种端口的分配、所提供的服务、软件的版本、系统的配置及匿名用户是否可以登录等，从而发现目标系统潜在的安全漏洞。下面是几种典型的安全漏洞扫描方法。

1. **获取主机名和 IP 地址**

利用 Whois 命令，可以获得目标网络上的主机列表或者其他有关信息（如管理员名字信息等）。利用 Host 命令可以获得目标网络中有关主机 IP 地址。进一步，利用目标网络的主机名和 IP 地址可以获得有关操作系统的信息，以便寻找这些系统上可能存在的安全漏洞。

2. 获取 Telnet 漏洞信息

很多安全漏洞与操作系统平台及其版本有密切的关系，不同的操作系统平台或者不同的操作系统版本可能存在不同的安全漏洞。因此，扫描程序可以通过获取和检查操作系统类型及其版本信息来确定该操作系统是否存在潜在风险。获得操作系统平台及其版本信息的有效手段是使用 Telnet 命令来连接一个操作系统，对于成功的 Telnet 连接，Telnet 服务程序（Telnetd）将会返回该操作系统的类型、内核版本号、厂商名、硬件平台等信息。类似的方法还有 FTP 命令等。

有些操作系统的 Telnetd 程序本身还存在缓冲区溢出漏洞，在处理 Telnetd 选项的函数中，没有对边界进行有效检查。当使用某些选项时，可能发生缓冲区溢出。例如，在 Linux 系统下，如果用户获取了对系统的本地访问权限，则可通过 Telnetd 漏洞为 /bin/login 设置环境变量。当环境变量重新分配内存时，便能改变任意内存中的值。这样，攻击者有可能从远程获得 Root 权限。

解决方案是更新 Telnet 软件版本，或者禁止不可信的用户访问 Telnet 服务。

3. 获取 FTP 漏洞信息

利用 FTP 命令连接一个操作系统，同样可以获得有关操作系统类型及其版本信息。

另外，扫描程序还可以通过匿名（anonymous）用户名登录 FTP 服务（ftpd）来测试该操作系统的匿名 FTP 是否可用。如果允许匿名登录，则检查 ftp 目录是否允许署名用户进行写操作。对于允许写 ftp 目录的匿名 FTP，一旦受到 FTP 跳转（Bounce）攻击，就会引起系统停机。

FTP 跳转攻击是指攻击者利用一个 FTP 服务器获取对另一个主机系统的访问权，而该主机系统是拒绝攻击者直接连接的。典型的例子是目标主机被配置成拒绝使用特定的 IP 地址屏蔽码进行连接，而攻击者主机的 IP 地址恰好就在该屏蔽码内。处于屏蔽码内的主机是不能访问目标主机上的 ftp 目录的。为了绕过这个限制，攻击者可以使用另一台中间主机来访问目标主机，将一个包含连接目标主机和获取文件命令的文件放到中间主机的 ftp 目录中。当使用中间主机进行连接时，其 IP 地址是中间主机的，而不是攻击者主机的。目标主机便允许这次连接请求，并且向中间主机发送所请求的文件，从而实现对目标主机的间接访问。

解决方案是升级 FTP 软件版本，修改 ftpd 的登录提示信息，关闭不必要的匿名 FTP 服务等。

4. 获取 Sendmail 漏洞信息

UNIX 系统都是通过 Sendmail 程序提供 E-mail 服务的，通过 Sendmail 守护程序来监听 SMTP 端口，并响应远程系统的 SMTP 请求。在大多数的 UNIX 系统中，Sendmail 程序都是运行在 set-uid 根上，并且程序代码量较大，使 Sendmail 成为许多安全漏洞的根源和攻击者首选的攻击目标。

攻击者通过与 SMTP 端口建立直接的对话（TCP 端口号为 25），向 Send-mail 守护进程发出询问，Sendmail 守护进程则会返回有关的系统信息，如 Sendmail 的名字、版本号及配置文件版本等。由于 Sendmail 的老版本存在着一些广为人知的安全漏洞，所以通过版本号可以发现潜在的安全漏洞。最常见的Sendmail漏洞有调试函数缓冲区溢出、syslog 命令缓冲区溢出、Send-mail 跳转等。

解决方案是通过安装补丁程序或升级 Sendmail 的版本来修补这些安全漏洞。

5.TCP 端口扫描

TCP 端口扫描是指扫描程序试图与目标主机的每一个 TCP 端口建立远程连接，如果目标主机的某一 TCP 端口处于监听工作状态，则会进行响应。否则，这个端口是不可用的，没有提供服务。攻击者经常利用 TCP 端口扫描来获得目标主机中的 /etc/inetd.conf 文件，该文件包含由 inetd 提供的服务列表。解决方案是关闭不必要的 TCP 端口。

6. 获取 Finger 漏洞信息

Finger 服务用来提供网上用户信息查询服务，包括网上成员的用户名、最近的登录时间、登录地点等，也可以用来显示一个主机上当前登录的所有用户名。对于攻击者来说，获得一个主机上的有效登录名及其相关信息是很有价值的。

解决方案是关闭一个主机上的 Finger 服务。

7. 获取 Port map 信息

通常，操作系统主要采用三种机制提供网络服务：由守护程序始终监听端口、由 inetd 程序监听端口并动态激活守护程序、由 Port map 程序动态分配端口的 RPC 服务。攻击者可以通过 rpeinfo 命令向一个远程主机上的 Port map 程序发出询问，探测该主机上提供了哪些可用的 RPC 服务。Port map 程序将会返回该主机上可用的 RPC 服务、相应的端口号、所使用的协议等信息。常见的 RPC 服务有 rpe.mountd、rpe.statd、rpe.csmci、rpe.ttybd、amd、NIS 和 NFS 等，它们都是被攻击的目标。

解决方案是关闭一个主机上的 Port map 服务（TCP 端口 11）。

8. 获取 Rusers 信息

Rusers 是一种 RPC 服务，如果远程主机上的 Rusers 服务被加载，可以使用 rusers 命令来获取该主机上的用户信息列表，包括用户名、主机名、登录的终端、登录的日期和时间等。这些信息看起来似乎无须保密，但对攻击者来说却是十分有用的。因为当攻击者收集到了某一系统上足够多的用户信息后，便可以通过口令尝试登录方式来试图推测出其中某些用户的口令。由于有些用户总喜欢使用简单的口令，如口令与用户名相同，或者口令是用户名后加三位或四位数字等。一旦这些用户的口令被猜中，获得该系统的 Root 权限只是一个时间问题。

解决方案是关闭一个主机上的 Rusers 服务。

9. 获取 Rwho 信息

Rwho 服务是通过守护程序（rwhod）向其他 rwhod 程序定期地广播“谁在系统上”的信息。因此，Rwho 服务存在着一定的安全隐患。另外，攻击者向 rwhod 进程发送某种格式的数据包后，将会导致 rwhod 的崩溃，引起拒绝服务。

解决方案是关闭一个主机上的 Rwho 服务。

10. 获取 NFS 漏洞信息

NFS（Network File System）提供了网络文件传送服务，并且还可以使用 MOUNT 协议来标识要访问的文件系统及其所在的远程主机。从网络文件传送的角度来说，NFS 有着良好的扩展性和透明性，并简化了网络文件管理操作。从网络安全的角度来说，NFS 却存在较大的安全隐患，主要表现在以下几个方面：

（1）获取 NFS 输出信息：NFS 采用客户 / 服务器结构。客户端是一个使用远程目录的系统，通过远程目录来使用远程服务器上的文件系统，如同使用本地文件系统一样：服务器端为客户提供磁盘资源共享服务，允许客户访问服务器磁盘上的有关目录或文件。客户端需要将服务器的文件系统安装在本地文件系统上，由服务器端的 mount 守护进程负责安装和连接文件系统，而 NFS 协议只负责文件传输工作。在一般的 UNIX 系统中，把远程共享目录安装到本地的过程称为安装（mount）目录，这是客户端的功能。为客户机提供目录的过程称为输出（exporting）目录，这是服务器端的功能。客户端可以使用 show mount 命令来查询 NFS 服务器上的信息，如 rpe.mounted 中的具体内容、通过 NFS 输出的文件系统及这些系统的授权等信息。攻击者可以通过分析这些信息和输出目录的授权情况来寻找脆弱点。

（2）NFS 的用户认证问题：NFS 提供一种简单的用户认证机制，一个用户的标识信息有用户标识符（UID）和所属用户组标识符（GID），服务器端通过检查一个用户的 UID 和 GID 来确认用户身份。由于每个主机的 Root 用户都有权在自己的机器上设置一个 UID，而 NFS 服务器则不管这个 UID 来自何方，只要 UID 匹配，就允许这个用户访问文件系统。例如，服务器上的目录 /home/frank 允许远程主机安装，但只能由 UID 为 501 的用户访问。如果一个主机的 root 用户新增一个 UID 为 501 的用户，然后通过这个用户登录并安装该目录，便可以通过 NFS 服务器的用户认证，获得对该目录的访问权限。另外，大多数 NFS 服务器可以接受 16 位的 UID，这是不安全的，容易产生 UID 欺骗问题。

解决方案是最好禁止 NFS 服务。如果一定要提供 NFS 服务，则必须采用有效的安全措施。例如，正确地配置输出目录，将输出的目录设置成只读属性，不要设置可执行属性，不要在输出的目录中包含 home 目录，禁止有 SUID 特性的程序执行，限制客户的主机地址，使用有安全保证的 NFS 实现系统等。

11. 获取 NIS 漏洞信息

NIS（Network Information Service）提供了黄页（Yellow Pages）服务，在一个单位或者组织中允许共享信息数据库，包括用户组、口令文件、主机名、别名、服务名等信息。通过NIS可以集中管理和传送系统管理方面的文件，以确保整个网络管理信息的一致性。

NIS 也基于客户 / 服务器模式，并采用域模型来控制客户机对数据库的访问，数据库通常由几个标准的 UNIX 文件转换而成，称为 NIS 映像。一个 NIS 域中所有的计算机不但共享了 NIS 数据库文件，也共享着同一个 NIS 服务器。每个客户机都要使用一个域名来访问该域中的 NIS 数据库。所有的数据库文件都存放在 NIS 服务器上，ASCII 码文件一般保存在 /var/yp/domain-name 目录中。客户机可以使用 domain name 命令来检查和设置NIS域名。NIS服务器向NIS域中所有的系统分发数据库文件时，一般不做检查。这显然是一个潜在的安全漏洞。因为获得 NIS 域名的方法有很多，如猜测法等，一旦攻击者获得了 NIS 域名，就可以向 NIS 服务器请求任意的 NIS 映射，包括 passwd 映射、hosts 映射及 aliases 映射等，从而获取重要的信息。另外，攻击者还可以利用 Finger 服务向 NIS 服务器发动拒绝服务攻击。

解决方案是不要在不可信的网络环境中提供 NIS 服务，NIS 域名应当是秘密的且不易被猜中。

12. 获取 NNTP 信息

NNTP（Network News Transport Protocol）是网络新闻传输协议，既可用于新闻组服务器之间交换新闻信息，也可用于新闻阅读器（newsreader）与新闻服务器之间交换新闻信息。攻击者利用 NNTP 服务可以获取目标主机中有关系统和用户的信息。NNTP 还存在与 SMTP 类似的脆弱性，但可以通过选择所连接的主机进行保护。

解决方案是关闭 NNTP 服务。

13. 收集路由信息

根据路由协议，每个路由器都要周期地向相邻的路由器广播路由信息，通过交换路由信息来建立、更新和维护路由器中的路由表。路由表信息可以使用 netstat-nr 命令来查询，通过路由表信息可以推测出目标主机所在网络的基本结构。因此，攻击者在攻击目标系统之前都要通过多种方法来收集目标系统所在网络的路由信息，从中推测出网络结构。

14. 获取 SNMP 漏洞信息

SNMP（Simple Network Management Protocol）是一种基于 TCP/IP 的网络管理协议，用于对网络设备的管理。它采用管理器/代理结构，代理程序（snmpd）驻留在网络设备（如路由器、交换机、服务器等）上，监听管理器的访问请求，执行相应的管理操作。管理器通过 SNMP 协议可以远程监控和管理网络设备。SNMP 请求有两种：一种是 SNMP

Get Request，读取数据操作；另一种是 SNMP Set Request，写入数据操作。对于 SNMP 来说，主要存在以下安全漏洞。

（1）身份认证漏洞：SNMP 代理是通过 SNMP 请求中所包含的 Community 名来认证请求方身份的，并且是唯一的认证机制。大多数 SNMP 设备的默认 Community 名为 public 或 private，在这种情况下，攻击者不仅可以获得远程网络设备中的敏感信息，而且还能通过远程执行指令关闭系统进程，重新配置或关闭网络设备。

（2）管理信息获取漏洞：在 SNMP 代理与管理器之间的管理信息是以明文传输的，而管理信息中包含了网络系统的详细信息，如连入网络的系统和设备等。攻击者可以利用这些信息找出攻击目标并规划攻击。解决方案是关闭 SNMP 服务或者升级 SNMP 的版本（SNMP v3 的安全性要优于 SNMP v2）。

15.TFTP 文件访问

TFTP 服务主要用于局域网中，如无盘工作站启动时传输系统文件。TFTP 的安全性极差，存在很多的安全漏洞。例如，在很多系统上的 TFTP 没有任何的身份认证机制，经常被攻击者用来窃取密码文件 /etc/passwd; 有些系统上的 TFTP 存在目录遍历漏洞（如 Cisco TFTP Server v1.1），攻击者可以通过 TFTP 服务器访问系统上的任意文件，造成信息泄露。

解决方案是关闭 TFTP 服务。

16. 远程 shell 访问

在 UNIX 系统中，有许多以 r 为前缀的命令，用于在远程主机上执行命令，如 rlogin、rsh 等。它们都在远程主机上生成一个 shell，并允许用户执行命令。这些服务是基于信任的访问机制，这种信任取决于主机名与初始登录名之间的匹配，主机名与登录名存放在 local、rhosts 或 hosts、equiv 文件中，并可以使用通配符。通配符允许一个系统中的任意用户获得访问权，或者允许任何系统中的任何用户获得访问权。这就给攻击者提供了很大的方便，rhosts 文件成为主要的攻击目标。因此，这种基于信任的访问机制是很危险的。解决方案是使用防火墙屏蔽 shell 与 login 端口，防止外部用户获得对这些服务直接访问的权限。在防火墙上还要禁止使用 local、thosts 或 hosts、equiv 文件。同时，在本地系统中应尽可能地禁止或严格地限制 rsh 和 rlogin 服务的使用。

17. 获取 Rexd 信息

Rexd 服务允许用户在远程服务器上执行命令，与 rsh 类似。但它是通过使用 NFS 将用户的本地文件系统安装在远程系统上来实现的，本地环境变量将输出到远程系统上。远程系统一般只确认用户的 UID 与 GID，而不做其他身份认证。用户使用 on 命令调用远程 Rexd 服务器上的命令，on 命令将继承用户当前的 UID，因此，它有可能被攻击者利用在一个远程系统上执行命令，存在较大的安全隐患。

解决方案是关闭该服务。

18.CGI 滥用

CGI（Common Gateway Interface）是外部网关程序与 HTTP 协议之间的接口标准，Web 服务器一般都支持 CGI，以便提供 Web 网页的交互功能。为了动态地交换信息，CGI 程序是动态执行的，并且以与 Web 服务器相同的权限运行。攻击者可以利用有漏洞的 CGI 程序执行恶意代码，如篡改网页、盗窃信用卡信息、安装后门程序等。因此，CGI 是非常不安全的。

CGI 安全问题的解决方案：

（1）不要以 Root 身份运行 Web 服务器。

（2）删除 bin 目录下的 CGI 脚本解释器。

（3）删除不安全的 CGI 脚本。

（4）编写安全的 CGI 脚本。

（5）在不需要 CGI 的 Web 服务器上不要配置 CGI。

在安全漏洞扫描系统中，将各种扫描方法编写成插件程序，形成漏洞扫描方法库，在系统的统一调度下自动完成对一个目标系统的扫描和检测，并将扫描结果生成一个易于理解的检测报告。例如，使用安全漏洞扫描系统检测 IP 地址为 119.20.67.45 的主机上 20~100 号 TCP 端口的工作状态，其检测结果如下：

119.20.67.4521 accepted。

119.20.67.45 23 accepted。

119.20.67.45 25 accepted。

119.20.67.45 80 accepted。

上述检测结果表明，这台主机上的 21、23、25 和 80 号 TCP 端口都被打开，正在提供相应的服务。在 TCP/IP 协议中，1024 以下的端口都是周知的端口，与一个公共的服务相对应，例如 21 号端口对应于 FTP 服务、23 号端口对应于 Telnet 服务、25 号端口对应于 E-mail 服务、80 号端口对应于 Web 服务等。如果发现该主机上打开的 TCP 端口与实际提供的服务不符，或者打开了一些可疑的 TCP 端口，则说明该主机可能被安放了后门程序或存在安全隐患，应当及时采取措施封堵这些端口。

五、漏洞扫描系统的实现

在网络漏洞扫描系统中，漏洞扫描程序通常采用插件技术来实现。一种漏洞扫描程序对应一个插件，扫描引擎通过调用插件的方法来执行漏洞扫描。插件可以采用两种方法来编写，一种是使用传统的高级语言，如 C 语言，它需要事先使用相应的编译器对这类插件进行编译；另一种是使用专用的脚本语言，脚本语言是一种解释型语言，它需要使用专用的解释器，其语法简单易学，可以简化新插件的编程，使系统的扩展和维护更加容易。网络漏洞扫描系统应当支持这两种插件的实现方法，并提倡使用脚本语言。

在网络漏洞扫描系统中，不仅要使用标准化名称来命名和描述漏洞，而且还要建立规范的插件编程环境。为此，系统必须提供一种规范化的插件编程和运行环境，这种环境采用插件框架结构，由一组函数和全局数据结构组成，其主要函数如下：

（1）插件初始化函数：提供了插件初始化功能，一个插件应该包含这个函数。

（2）插件运行函数：提供了插件运行功能，包含该插件对应的漏洞扫描执行过程。

（3）库函数：提供了插件可能使用的功能函数。

（4）目标主机操作函数：提供了获取被扫描主机有关信息（如主机名、IP 地址、开放端口号等）功能。

（5）网络操作函数：提供了基于套接字（Socket）的网络操作机制。

（6）插件间通信函数：提供了插件间共享检测结果的通信机制。

（7）漏洞报告函数：提供了漏洞描述和报告功能。

（8）插件库接口函数：提供了与共享插件库交互的接口功能，共享插件库就是上述的扫描程序库，一个插件必须进入共享插件库后才是可用的。插件以文件的形式存放在服务器端，服务器采用链表结构来管理所有的插件。在服务器启动时，首先加载和初始化所有的插件链表，然后根据客户请求调用相应的插件完成漏洞扫描工作。

（9）插件初始化。服务器采用两级链表结构来管理所有的插件，第一级链表是主链表，包含了所有插件链表的全局参数，如最大线程数、扫描端口范围、配置文件路径名、插件文件路径名等，在服务器启动时完成初始化设置；第二级链表是插件链表，每个插件都对应一个插件链表，存放相应插件的参数，如插件名、插件类型、插件功能描述等，通过调用插件内部的插件初始化两部完成初始化设置。

（10）插件选择。完成插件初始化后，在服务器主链表的插件链表中记录了所有插件信息。这时，服务器端向客户端发送一个插件列表，它包含了所有插件的插件名和插件功能描述等信息。用户可以在客户端上选择本次扫描所需的插件，然后将选择结果传送给服务器。服务器端将这些插件标记在相应的插件链表上。

（11）插件调用。主控程序首先检索插件链表，找到被选择的插件。然后直接调用该插件的插件运行函数，执行漏洞扫描过程，它包括漏洞扫描和结果传送两部分。

（12）结果处理。插件运行函数将扫描结果写入该插件的插件链表中，扫描结果包括漏洞描述、危险性等级、端口号、修补建议等。所有指定的扫描全部完成后，服务器将所有扫描结果传送给客户端。

插件库的更新和维护可以采取两种方法：一是下载标准的 CVE 插件；二是自行编

写插件，然后将插件添加到插件库中。为了简化和规范插件的编写，可以采用插件生成器技术来指导和协助插件的编程。

六、漏洞扫描系统应用

在实际应用中，网络漏洞扫描系统通常连接在网络主干的核心交换机端口上，对全网的各种网络设备、服务器、主机进行安全漏洞扫描。在安全漏洞扫描时，所有的设备和计算机应处于开机状态，以便保证安全漏洞扫描的广度和深度。

网络漏洞扫描系统是一种重要的网络安全管理工具，根据所制定的安全策略，定期对网络系统进行安全漏洞扫描，其扫描结果可作为评估网络安全风险的重要依据。网络漏洞扫描系统是一把双刃剑，攻击者也可以通过网络漏洞扫描系统寻找安全漏洞，并加以利用实施网络攻击。因此定期对网络系统进行安全漏洞扫描是十分重要和必要的，一旦发现安全漏洞，应及时修补，并且要定期更新扫描方法库（漏洞库），使网络漏洞扫描系统能够检测到新的安全漏洞并及时修补。

第三节　网络入侵检测技术

网络入侵检测是一种动态的安全检测技术，能够在网络系统运行过程中发现入侵者的攻击行为和踪迹，一旦发现网络攻击现象，则发出报警信息，还可以与防火墙联动，对网络攻击进行阻断。

入侵检测系统（Intrusion Detection System，IDS）被认为是防火墙之后的第二道安全防线，与防火墙组合起来，构成比较完整的网络安全防护体系，共同对付网络攻击，进一步增强网络系统的安全性，扩展网络安全管理能力。IDS 将在网络系统中设置若干检测点，并实时监测和收集信息，通过分析这些信息来判断网络中是否发生违反安全策略的行为和被入侵的迹象。如果发现网络攻击现象，则会做出适当的反应，发出报警信息并记录日志，为追查攻击者提供证据。

一、入侵检测基本原理

从入侵检测方法上，入侵检测技术可分为异常检测（Anomaly Detection）和误用检测（Misuse Detection）两大类。

异常检测是通过建立典型网络活动的轮廓（Profile）模型来实现入侵检测的。它通过提取审计踪迹（如网络流量和日志文件）中的特征数据来描述用户行为，建立轮廓模型。每当检测到一个新的行为模式，就与轮廓模型相比较，如果二者之差超过一个给定的阈值，将会引发报警，表示检测到一个异常行为。例如，一般在白天使用计算机的用户，如果突然在午夜注册登录，则被认为是异常行为，有可能是入侵者在使用。在异常检测方法中，需要解决的问题是：从审计踪迹中提取特征数据来描述用户行为、正常行为和异常行为的分类方法及轮廓模型的更新技术等。这种入侵检测方法的检测率较高，但误检率也比较高。

误用检测是根据事先定义的入侵模式库，通过分析这些入侵模式是否发生来检测入侵行为。由于大部分入侵是利用了系统脆弱性，通过分析入侵行为的特征、条件、排列及事件间关系来描述入侵者踪迹。这些踪迹不仅对分析已经发生的入侵行为有帮助，而且对即将发生的入侵也有预警作用，只要出现部分入侵踪迹就意味着有可能发生入侵。通常，这种入侵检测方法只能检测到入侵模式库中已有的入侵模式，而不能发现未知的入侵模式，甚至不能发现有轻微变异的入侵模式，并且检测精确度取决于入侵模式库的完整性。这种检测方法的检测率比较低，但误检率也比较低。大多数的商用入侵检测系统都属于这类系统。

从分析数据来源的角度划分，入侵检测系统可以分为基于日志的和基于数据包的两种。

基于日志的入侵检测是指通过分析系统日志信息的方法来检测入侵行为。由于操作系统和重要应用系统的日志文件中包含详细的用户行为信息和系统调用信息，从中可以分析出系统是否被入侵及入侵者所留下的踪迹等。

基于数据包的入侵检测是指通过捕获和分析网络数据包来检测入侵行为，因为数据包中同样也含有用户行为信息。例如，对于一个 TCP 连接，与用户连接行为有关的特征数据如下：

（1）建立 TCP 连接时的信息。在建立 TCP 连接时是否经历了完整的三次握手过程。可能的错误信息有：被拒绝的连接、有连接请求但连接没有建立起来（发起主机没有接收到 SYN 应答包）、无连接请求却接收到了 SYN 应答包等。

（2）在 TCP 连接上传送的数据包、应答（ACK）包及统计数据。统计数据包括数据重发率、错误重发率、两次 ACK 包比率、错误包尺寸比率、双方所发送的数据字节数、数据包尺寸比率和控制包尺寸比率等。

（3）关闭 TCP 连接时的信息。一个 TCP 连接以何种方式被终止的信息，如正常终止（双方都发送和接收了 FIN 包）、异常中断（一方发送了 RST 包，并且所有的数据包都被应答）、半关闭（只有一方发送了 FIN 包）和断开连接等。

因此，每个 TCP 连接将形成一个连接记录，包含以下属性信息：开始时间、持续时间、参与主机地址、端口号、连接统计值（双方发送的字节数、重发率等）、状态信息（正常的或被终止的连接）和协议号（TCP 或 UDP）等。这些属性信息构成了一个用户连接行为的基本特征。

通过分析网络数据包可以将入侵检测的范围扩大到整个网络，并且可以实现实时入侵检测。而基于日志分析的入侵检测则局限于本地用户和主机系统上。

总之，入侵检测系统提供了对网络入侵事件的检测和响应功能。具体地，一个入侵检测系统应提供下列主要功能：

（1）用户和系统活动的监视与分析；

（2）系统配置及其脆弱性的分析和审计；

（3）异常行为模式的统计分析；

（4）重要系统和数据文件的完整性监测和评估；

（5）操作系统的安全审计和管理；

（6）入侵模式的识别与响应，如记录事件和报警等。

入侵检测系统通常由信息采集、信息分析和攻击响应等部分组成。

1. 信息采集

入侵检测的第一步是信息采集，主要是系统、网络及用户活动的状态和行为等信息。这就需要在计算机网络系统中的关键点（不同网段和不同主机）设置若干个检测器来采集信息，其目的是尽可能地扩大检测范围，提高检测精度。因为来自一个检测点的信息可能不足以判别入侵行为，而通过比较多个检测点的信息一致性便容易辨识可疑行为或入侵活动。

由于入侵检测很大程度上依赖于所采集信息的可靠性和正确性，因此入侵检测系统本身应当具有很强的健壮性，并且具有保证检测器软件安全性的措施。入侵检测主要基于以下四类信息：

（1）系统日志文件信息：攻击者在攻击系统时，不管成功与否，都会在系统日志文件中留下踪迹和记录。因此，系统日志文件是入侵检测系统主要的信息来源。通常，每个操作系统及重要应用系统都会建立相应的日志文件，系统自动把网络和系统中所发生的异常事件、违规操作及系统错误记录在日志文件中，作为事后安全审计和事件分析的依据。通过查看和分析日志文件信息，可以发现系统是否发生被入侵的迹象、系统是否发生过入侵事件、系统是否正在被入侵等，根据分析结果，激活入侵应急响应程序，采取适当的措施，如发出报警信息、切断网络连接等。在日志文件中，记录有各种行为类型，每种类型又包含了多种信息。例如，在“用户活动”类型的日志记录中，包含了系统登录、用户 ID 的改变、用户访问的文件、违反权限的操作和身份认证等信息内容。对用户活动来说，重复的系统登录失败、企图访问未经授权的文件及登录到未经授权的网络资源上等都被认为是异常的或不期望的行为。

（2）目录和文件的完整性信息：在网络文件系统中，存储了大量的程序文件和数据文件，其中包含重要的系统文件和用户数据文件，它们往往成为攻击者破坏或篡改的目标。如果在目录和文件中发生了不期望的改变（包括修改、创建和删除），则意味着可能发生了入侵事件。攻击者经常使用的攻击手法是获得系统访问权；安放后门程序或恶意程序，甚至破坏或篡改系统重要文件；修改系统日志文件，清除入侵活动的痕迹。对这类入侵事件的检测可以通过检查目录和文件的完整性信息来实现。

（3）程序执行中的异常行为：网络系统中的程序一般包括网络操作系统、网络服务和特定的网络应用（例如数据库服务器）等，系统中的每个程序通常由一个或多个进程来实现，每个进程可能在具有不同权限的环境中执行，这种环境控制着进程可访问的系统资源、程序和数据文件等。一个进程的执行表现为执行某种具体的操作，如数学计算、文件传输、操纵设备、进程通信和其他处理等。不同操作的执行方式，所需的系统资源也不同。如果在一个进程中出现了异常的或不期望的行为，则表明系统可能被非法入侵。攻击者可能会分解和扰乱程序的正常执行，导致系统异常或失败。例如，攻击者使用恶意程序来干扰程序的正常执行，出现用户不期望的操作行为，或者通过恶意程序创建大量的非法进程，抢占有限的系统资源，导致系统拒绝服务。

（4）物理形式的入侵信息：这类信息包含两个方面的内容。一是网络硬件连接；二是未经授权的物理资源访问。攻击者经常使用物理方法来突破网络系统的安全防线，从而达到网络攻击的目的。例如，现在的计算机都支持无线上网，如果用户在访问远程网络时没有采取有效的保护（如身份认证、信息加密等），则攻击者有可能利用无线监听工具进行非法获取，导致无线上网成为一种威胁网络安全的后门。攻击者就会利用这个后门来访问内部网，从而绕过内部网的防护措施，达到攻击系统、窃取信息等目的。

在系统日志文件中，有些日志信息并非用于信息安全目的，需要花费大量的时间进行筛选处理。因此，一般的入侵检测系统都自带信息采集器或过滤器，有针对性地采集和筛选审计追踪信息。同时，还要充分利用来自其他信息源的信息。例如，有些入侵检测系统采用了三级审计追踪：一级是用于审计操作系统核心调用行为的；二级是用于审计用户和操作系统界面级行为的；三级是用于审计应用程序内部行为的。

2. 信息分析

对于所采集到的信息，主要通过三种分析方法进行信息分析：模式识别、统计分析和完整性分析。模式识别可用于实时入侵检测，而统计分析方法和完整性分析方法则用于事后分析和安全审计。

（1）模式识别方法。在模式识别方法中，必须预先建立一个入侵模式库，将已知的网络入侵模式存放在该库中。在系统运行时，将采集到的信息与入侵模式库中已知的网络入侵模式和特征进行比较，从而识别出违反安全策略的行为。模式识别精度和执行效率取决于模式识别算法。通常，一种入侵模式可以用一个过程（如执行一条指令）或一个输出（如获得权限）来表示。这种方法的主要优点是只需要收集相关的数据集合，可以显著地减少系统负担，并且具有较高的识别精度和执行效率。由于这种方法以已知的网络入侵模式为基础，不能检测到新的未知入侵模式，因此需要不断地升级和维护入侵模式库。然而，未知入侵模式的发现可能以系统被攻击为代价。

（2）统计分析方法。在统计分析方法中，首先为用户、文件、目录和设备等对象创建一个统计描述，统计正常使用时的一些测量平均值，如访问次数、操作失败次数和延迟时间等。在系统运行时，将采集到的行为信息与测量平均值进行比较，如果超出正常值范围，则认为发生了入侵事件。例如，使用统计分析来标识一个用户的行为，如果发现一个只能在早 6 点至晚 8 点登录的用户却在凌晨 2 点试图登录，则被认为发生了入侵事件。这种方法的优点是可以检测到未知的和复杂的入侵行为。它的缺点是误报率和漏报率比较高，并且不适应用户正常行为的突然改变。在统计分析方法中，有基于常规活动的分析方法、基于神经网络的分析方法、基于专家系统的分析方法、基于模型推理的方法和基于数据挖掘的分析方法等。

1）基于常规活动的分析方法：对用户常规活动的分析是实现入侵检测的基础，通过对用户历史行为的分析来建立用户行为模型，生成每个用户的历史行为记录库，甚至能够学习被检测系统中每个用户的行为习惯。当一个用户行为习惯发生改变时，这种异常行为就会被检测出来，并确定用户当前行为是否合法。例如，入侵检测系统可以对 CPU 的使用、I/O 的使用、目录的建立与删除、文件的读写与修改、网络的访问操作及应用系统的启动与调用等进行分析和检测。

通过对用户行为习惯的分析可以判断被检测系统是否处于正常使用状态。例如，一个用户通常在正常的上班时间使用机器，根据这个认识，系统很容易地判断机器是否被合法地使用。这种检测方法同样适用于检测程序执行行为和文件访问行为。

2）基于神经网络的分析方法：由于一个用户的行为是非常复杂的，所以实现一个用户的历史行为和当前行为的完全匹配是十分困难的。虚假的入侵报警通常是由统计分析算法所基于的无效假设而引起的。为了提高入侵检测的准确率，应在入侵检测系统中引入神经网络技术，用于解决以下几个问题：

①建立精确的统计分布：统计方法往往依赖于对用户行为的某种假设，如关于偏差的高斯分布等，这种假设常常导致大量的假报警。而神经网络技术则不依赖于这种假设。

②入侵检测方法的适用性：某种统计方法可能适用于检测某一类用户行为，但并不一定适用于另一类用户。神经网络技术不存在这个问题，实现成本比较低。

③系统可伸缩性：统计方法在检测具有大量用户的计算机系统时，需要保留大量的用户行为信息。而神经网络技术则可以根据当前的用户行为来检测。神经网络技术也有一定的局限性，并不能完全取代传统的统计方法。

④基于专家系统的分析方法：根据安全专家对系统安全漏洞和用户异常行为的分析形成一套推理规则，并基于规则推理来判别用户行为是正常行为还是入侵行为。例如，如果一个用户在 5 min 之内使用同一用户名连续登录失败超过三次，则可认为是一种入

侵行为。

这种方法是基于规则推理的，即根据用户历史行为知识来建立相应的规则，以此来推理出有关行为的合法性。当一个入侵行为不触发任何一个规则时，系统就会检测不到这个入侵行为。因此，这种方法只能发现那些已知安全漏洞所导致的入侵，而不能发现新的入侵方法。另外，某些非法用户行为也可能由于难以监测而被漏检。

⑤基于模型推理的分析方法：在很多情况下，攻击者是使用某个已知的程序来入侵一个系统的，如口令猜测程序等。基于模型推理的方法通过为某些行为建立特定的攻击模型来监测某些活动，并根据设定的入侵脚本来检测出非法的用户行为。在理想情况下，应当为不同的攻击者和不同的系统建立特定的入侵脚本。当用户行为触发某种特定的攻击模型时，系统应当收集其他证据来证实或否定这个攻击的存在，尽可能地避免虚假的报警。

3）完整性分析方法。在完整性分析方法中，首先使用 MD5、SHA 等单向散列函数计算被检测对象（如文件或目录内容和属性）的检验值。在系统运行时，将采集到的完整性信息与检验值进行比较，如果两者不一致，则表明被检测对象的内容和属性发生了变化，被认为发生了入侵事件。这种方法能够识别被检测对象的微小变化或修改，如应用程序或网页内容被篡改等。由于该方法一般采用批处理的方式来实现，因此不能实时地做出响应。完整性分析方法是一种重要的网络安全管理手段，管理员可以每天在某一特定时段启动完整性分析模块，对网络系统的完整性进行全面检查。

可见，任何一种分析方法都有一定的局限性，应当综合运用各种分析方法来增强入侵检测系统的检测精度和准确率。

3. 攻击响应

攻击响应是指入侵检测系统在检测出入侵事件时所做的处理。通常，攻击响应方法主要是发出报警信息，报警信息发送到入侵检测系统管理控制台上，也可以通过 E-mail 发送到有关人员的邮箱中，具体方法取决于一个入侵检测系统产品所支持的报警方式和配置。同时，还要将报警信息记录在入侵检测系统的日志文件中，作为追查攻击者的证据。

一些入侵检测系统产品支持与防火墙的联动功能，当入侵检测系统检测到正在进行的网络攻击时，向防火墙发出信号，由防火墙来阻断网络攻击行为。

二、入侵检测的主要方法

目前，入侵检测技术的研究重点是针对未知攻击模式的检测方法及其相关技术，提出了一些检测方法，如数据挖掘、遗传算法、免疫系统等。其中，基于数据挖掘的检测方法通过分类、连接分析和顺序分析等数据分析方法来建立检测模型，提高对未知攻击模式的检测能力。

在数据挖掘中，采用分类方法对审计数据进行分析，建立相应的检测模型，并依据检测模型从当前和今后的审计数据中检测出已知的和未知的入侵行为，其检测模型的精确度依赖于大量的训练数据和正确的特性数据集。关联规则和频繁事件算法主要用于计算审计数据的一致模式，这些模式组成了一个审计追踪的轮廓，可用于指导审计数据的收集、系统特性的选择及入侵模式的发现等。

1. 数据预处理

在基于数据挖掘的入侵检测方法中，首先需要采集大量的审计数据，其中应当包含代表“正常”行为和“异常”行为的两类数据。然后对数据进行预处理，构造两个样本数据集：训练数据集和测试数据集。也可以先构造一个较大的样本数据集，然后将样本数据集分成训练数据集和测试数据集两部分，两者的比例大致为 6×4。

样本数据集主要来自每个主机上的日志文件或实时采集的网络数据包。为了描述一个程序或用户的行为，需要从样本数据集中提取有关的特征数据，如使用 TCP 连接数据来描述用户的连接行为。

2. 数据分类

分类是数据挖掘中常用的数据分析方法，通过分类算法将一个数据项映射到预定义的某种数据类上，并生成相应的模型或分类器输出。数据分类一般分为两个阶段。

第一阶段是使用一种分类算法建立模型或分类器，描述预定的数据类集合。分类算法首先在一个由样本数据组成的训练数据集上进行学习，然后根据数据特征和描述将一个数据项映射到预定义的某一数据类中，并建立分类器模型。分类算法可以采用分类规则、判定树或数学公式等。

第二阶段是在测试数据集上应用分类器进行数据分类测试，对分类器的精确度和效率进行评估。

将分类方法应用于入侵检测时，首先需要采集大量的审计数据，其中包含“正常”和“异常”两类数据，经过数据预处理后，构造一个训练数据集和一个测试数据集。然后在训练数据集上应用一种分类算法，建立分类器模型，分类器中的每个模式分别描述了一种系统行为样式。最后将分类器应用于测试数据集，评估分类器的精确度。一个良好的分类器应当具有高检测率和低误检率，检测率是指正确检测到异常行为的概率，误检率是指错误地将正常行为当作异常行为的概率，也称为假肯定率。一个良好的分类器可以用于今后对未知恶意行为的检测。

为了提高检测精确度，可以采用基于多个检测模型联合的分类模型，将多个分类器输出的不同证据组合成一个联合证据，以便产生一个更为精确的断言。这种联合分类模型可以采用一种层次化检测模型来实现。它定义了两种分类器：基础分类器和中心分类器，并按两层结构来组织这些分类器。底层是多个基础分类器，基础分类器的每个模式对应于一种系统行为样式，其作用是根据训练数据中的特征数据来判断一种系统行为是否符合该模型，然后作为证据提交给中心分类器进行最后的决策：高层是中心分类器，它根据各个基础分类器提交的证据产生最终的断言。这种层次化检测模型的基本学习方法如下：

（1）构造基础分类器：每个模型对应于不同的系统行为样式。

（2）表达学习任务：训练数据中的一个记录可以看作一个基础分类器所采集的证据，基础分类器将根据一个记录中的每个属性值来判定该系统行为是属于“正常”还是属于“异常”，即它是否符合该模型。

（3）建立中心分类器：使用一种学习算法来建立中心分类器，并输出最终的断言。

基于不同系统行为模式的多个证据进行综合决策，显然可以提高分类模型的精确度。这种层次化检测模型可以映射成一种分布式系统结构，不仅有利于提高检测精确度，并且还有利于分散检测任务负载，提高分类模型的执行效率。

3. 关联规则

关联规则主要用于从大量数据中发现数据项之间的相关性。数据形式是数据记录集合，每个记录由多个数据项组成。

一个关联规则可以表示成：X+Y、置信度（confidence）和支持度（sup-port）。其中，X 和 Y 是一个记录中的项目子集，支持度是包含 X+Y 记录的百分比，置信度是 support（X+Y）/support（X）比率。

在入侵检测中，关联规则主要用于分析和发现日志数据之间的相关性，为正确地选择入侵检测系统特性集合提供决策依据。

日志数据被表示成格式化的数据库表，其中每一行是一个日志记录，每一列是一个日志记录的属性字段，以表示系统特性。在这些系统特性中，明显存在着用户行为的频繁相关性。例如，为了检测出一个已知的恶意程序行为，可以将一个特权程序的访问权描述为一种程序策略，它应当与读写某些目录或文件的特定权限一致，通过关联规则可以捕获这些行为的一致性。

例如，将一个用户使用 shell 命令的历史记录表示成一个关联规则：trn+rec.log。其中，置信度为 0.4、支持度为 0.15，它表示该用户调用 trn 时，40% 的时间是在读取 rec.log 中的信息，并且这种行为占该用户命令历史记录中所有行为的 15%。

4. 频繁事件

频繁事件是指频繁发生在一个滑动时间窗口内的事件集，这些事件必须以特定的最小频率同时发生在一个滑动时间窗口内。频繁事件分为顺序频繁事件和并行频繁事件，一个顺序频繁事件必须按局部时间顺序地发生，而一个并行频繁事件则没有这样的约束。

对于 X 和 Y，X+Y 则是一个频繁事件，而 X+Y，confidence=frequen-cy（X+Y）

/frequency（X）和 support=frequency（X+Y）称为一个频繁事件规则。例如，在一个Web 网站日志文件中，一个顺序频繁事件规则可以表示为 home，research-security。它表示当用户访问该网页（home）和研究项目简介（research）时，在 30s 内随后访问信息安全组（security）网页的情况为 30%，并且发生这个访问顺序的置信度为 0.3、支持度为 0.1。

由于程序执行和用户命令中明显存在着顺序信息，使用频繁事件算法可以发现日志记录中的顺序信息及它们之间的内在联系。这些信息可用于构造异常行为轮廓。

5. 模式发现和评价

使用关联规则和频繁事件算法可以从审计踪迹中生成一个规则集，它们由关联规则和频繁事件组成，可用于指导审计处理。为了从审计踪迹中发现新的模式（规则），可以多次以不同的设置来运行一个程序，以便生成新的审计踪迹。对于每次程序运行所发现的新规则，可以通过合并处理加入现有的规则集中，并使用匹配计数器（match count）来统计在规则集中规则的匹配情况。

在规则集稳定（无新规则的加入）后，便产生一个基本的审计数据集。然后通过修剪规则集，去除那些 match count 值低于某一阈值的规则，其中阈值是基于 match count 值占审计踪迹总量的比率来确定的，通常由用户指定。

从日志数据中发现的模式可以直接用于异常检测。首先使用关联规则和频繁事件算法从一个新的审计踪迹中生成规则集，然后与已建立的轮廓规则集进行比较，通过评分（scoring）功能进行模式评估。通常，它可以识别出未知的新规则、支持度发生改变的规则以及与支持度 / 置信度相悖的规则等。

为了评估分类器的精确度，通常使用一个测试数据集对分类器进行测试。根据有关的研究和实验，基于数据挖掘的入侵检测方法具有较高的检测率和较低的误检率，具体的与所采用挖掘算法、训练数据集以及系统构成等因素有关。

三、入侵检测系统分类

从系统结构和检测方法上，入侵检测系统主要分成两类：基于主机的入侵检测系统（Host-based IDS，HIDS）和基于网络的入侵检测系统（Network-based IDS，NIDS）。

1. 基于主机的入侵检测系统

HIDS 是通过分析用户行为的合法性来检测入侵事件的。在 HIDS 中，可以把入侵事件分为三类：外部入侵、内部入侵和行为滥用。

（1）外部入侵：它是指入侵者来自计算机系统外部，可以通过审计企图登录系统的失败记录来发现外部入侵者。

（2）内部入侵：它是指入侵者来自计算机系统内部，主要是由那些有权使用计算机，但无权访问某些特定网络资源的用户或程序发起的攻击，包括假冒用户和恶意程序。可以通过分析企图连接特定文件、程序和其他资源的失败记录来发现它们。例如，可以通过比较每个用户的行为模型和特定的行为来发现假冒用户；可以通过监测系统范围内的某些特定活动（如CPU、内存和磁盘等活动），并与通常情况下这些活动的历史记录相比较来发现恶意程序。

（3）行为滥用：它是指计算机系统的合法用户有意或无意地滥用他们的特权，只靠审计信息来发现他们往往是比较困难的。

HIDS采用审计分析机制，首先从主机系统的各种日志中提取有关信息，如哪些用户登录了系统，运行了哪些程序，哪些文件何时被访问或修改过，使用了多少内存和磁盘空间等。由于信息量比较大，必须采用专用检测算法和自动分析工具对日志信息进行审计分析，从中发现一些可疑事件或入侵行为。系统实现方法有两种：脱机分析和联机分析。脱机分析是指入侵检测系统离线对日志信息进行处理，分析和判别计算机系统是否遭受过入侵，如果系统被入侵过，则提供有关攻击者的信息。联机分析是指入侵检测系统在线对日志信息进行处理，当发现有可疑的入侵行为时，系统立刻发出报警，以便管理员对所发生的入侵事件做出适当的处理。

审计分析机制不仅提供了对入侵行为的检测功能，而且提供了用户行为的证明功能，可以用来证明一个受到怀疑的人是否有违法行为。因此，这种审计分析机制不仅是一种技术手段，还具有行为约束能力，促使用户为自己的行为负责，增强用户的责任感。进一步，审计分析机制可以用来发现那些合法用户滥用特权或者来自内部的攻击。

HIDS是一种基于日志的事后审计分析技术，并非实时监测网络流量，因此对入侵事件反应比较迟钝，不能提供实时入侵检测功能。另外，HIDS产品与操作系统平台密切相关，只局限于少数几种操作系统。

2. 基于网络的入侵检测系统

NIDS采用实时监测网络数据包的方法进行动态入侵检测，NIDS一般部署在网络交换机的镜像端口上，实时采集和检查数据包头和内容，并与入侵模式库中已知的入侵模式相比较。如果检测到恶意的网络攻击，则采取适当的方法进行响应。通常，NIDS由检测器、分析器和响应器组成。

（1）检测器：用于采集和捕获网络中的数据包，并将异常的数据包发送给分析器。根据安全策略，可以部署在多个网络关键位置上。如果要检测来自互联网的攻击，则应当将检测器部署在防火墙的外面。如果要检测来自内部网的攻击，则应当将检测器部署在被监测系统的前端。

（2）分析器：接收来自检测器的异常报告，根据数据库中已知的入侵模式进行分析比较，以确定是否发生了入侵行为。对于不同的入侵行为，通知响应器做出适当的反应。其中，模式库用于存放已知的入侵模式，为分析器提供决策依据。

（3）响应器：根据分析器的决策结果，响应器做出适当的反应，包括发出报警、记录日志、与防火墙联动阻断等。

入侵检测系统捕获一个数据包后，首先检查数据包所使用的网络协议、数据包的签名以及其他特征信息，分析和推断数据包的用途和行为。如果数据包的行为特征与已知的攻击模式相吻合，则说明该数据包是攻击数据包，必须采用应急措施进行处理。

NIDS 能够有效地检测出已知的 DDoS 攻击、IP 欺骗等，对未知的网络攻击，仍存在检测盲点问题。这需要不断地更新和维护入侵模式库，开发具有自学习功能的智能检测方法来解决。另外，NIDS 目前还不能对加密的数据包进行分析和识别，这是一个潜在的隐患，因为密码技术已广泛应用于网络通信系统中。

NIDS 通常作为一个独立的网络安全设备来应用，与操作系统平台无关，部署和应用相对比较容易。

对于 NIDS 来说，检测准确率主要取决于入侵模式库中的入侵模式多少和检测算法的优劣，因此需要定期更新入侵模式库和升级软件版本，使 NIDS 能够检测到新的入侵模式和攻击行为。

另外，NIDS 检测准确率还与数据采集的完整性有关，数据采集和处理速度应与网络系统的传输速率相匹配，以避免因速率不匹配而造成数据丢失，影响到检测准确率。目前，NIDS 产品有 100 Mb/s（百兆）、1000 Mb/s（千兆）、10 000Mb/s（万兆）产品，分别适合应用在对应速率的网络环境中。当然，它们的价格也相差较大。

四、入侵检测系统的应用

在实际应用中，通常将入侵检测系统连接在被监测网络的核心交换机镜像端口上，通过核心交换机镜像端口采集全网的数据流量进行分析，从中检测出所发生的入侵行为和攻击事件。

下面是几个入侵检测的例子，通过这些入侵检测例子可以体会到怎样来识别网络攻击。

1. 网络路由探测攻击

网络路由探测攻击是指攻击者对目标系统的网络路由进行探测和追踪，收集有关网络系统结构方面的信息，寻找适当的网络攻击点。如果该网络系统受到防火墙的保护而难以攻破，则攻击者至少探测到该网络系统与外部网络的连接点或出口，攻击者可以对该网络系统发起拒绝服务攻击，造成该网络系统的出口处被阻塞。因此，网络路由探测是发动网络攻击的第一步。

检测网络路由探测攻击的方法比较简单，查找若干个主机 2 s 之内的路由追踪记录，在这些记录中找出相同和相似名字的主机。

网络路由探测也可以作为一种网络管理手段来使用。例如，ISP（Internet服务提供商）可以用它来计算到达客户端最短的路由，以优化 Web 服务器的应答、提高服务质量。

2.TCP SYN f lood 攻击

TCP SYN f lood 攻击是一种分布拒绝服务攻击（DDoS），一个网络服务器在短时间内接收到大量的 TCP SYN（建立 TCP 连接）请求，导致该服务器的连接队列被阻塞，拒绝响应任何的服务请求。

3. 事件查看

通常，在网络操作系统中都设有各种日志文件，并提供日志查看工具。用户可以使用日志查看工具来查看日志信息，观察用户行为或系统事件。例如，在 Windows 操作系统中，提供了事件日志和事件查看器工具，管理员可以使用事件查看器工具来查看系统发生的错误和安全事件。在 Windows 操作系统中，主要有三种事件日志。

（1）系统日志：与 Windows NT Server 系统组件相关的事件，如系统启动时所加载的系统组件名，加载驱动程序时发生的错误或失败等。

（2）安全日志：与系统登录和资源访问相关的事件，如有效或无效的登录企图和次数，创建、打开、删除文件或其他对象等。

（3）应用程序日志：与应用程序相关的事件，如应用程序加载、操作错误等。

使用事件查看器工具可以查看这些事件日志信息，一般的用户可以查看系统日志和应用程序日志，而只有系统管理员才能查看安全日志。通常，每种事件日志都由事件头、事件说明以及附加信息组成。通过“事件查看器”可以查看指定的事件日志，每一行显示一个事件，包括日期、时间、来源、事件类型、分类、事件 ID、用户账号以及计算机名等。

在 Windows 操作系统中，定义了错误、警告、信息、审核成功和审核失败等事件类型，用一个图标（第 1 行）来表示。事件说明是日志信息中最有用的部分，它说明了事件的内容或重要性，其格式和内容与事件类型相关，并且各不相同。

五、动态威胁防御系统

现今为了成功地保护企业网络，安全防御必须部署在网络的各个层面，并采取新的检测和防护机制。作为一个设计优良的安全检测系统范例，它可以提供全面的检测功能，包括：集成关键安全组件的状态检测防火墙；可实时更新病毒和攻击特征的网关防病毒；IDS 和 IPS 预置数千个攻击特征，并提供用户定制特征的机制等。开发动态威胁防御系统。动态威胁防御系统（DTPS）是超越传统防火墙、针对已知和未知威胁、提升检测能力的新技术。它将防病毒、IDS、IPS 和防火墙模块中的有关攻击的信息进行关联，并将各种安全模块无缝地集成在一起。

由于在每一个安全功能组件之间可以互相通信，共享“威胁索引”信息，以识别可疑的恶意流量，而这些流量可能还未被提取攻击特征。通过跟踪每一安全组件的检测活动，实现降低误报率，以提高整个系统的检测精确度。相比之下，这些安全方案是多个不同厂商的安全部件（防病毒、IDS、IPS、防火墙）组合起来的，则相对缺乏协调检测工作的能力。

动态威胁防御系统（DTPS）的原理可以简述如下：所有会话流量首先被每一个安全和检测引擎使用已知特征来进行分析。在特征模式的基础上，结合由硬件加速的精简模式识别语言，当前识别已知攻击的有效方法。

如果发现了特征的匹配，DTPS 按照在行为策略中定义的规则来处理有害流量重置客户端、重置服务器等。另外，安全防护响应网络可提供病毒库、IDS/IPS 特征以及安全引擎最新版本，以保持实时更新。这就保证了最新特征的威胁会被识别出来，并被快速阻挡。

如果不能找到特征的匹配，系统就会启动启发式扫描和异常检测引擎，会话流量会得到进一步的仔细检查，以发现异常。通过使用最新的启发式扫描技术、常检测技术和动态威胁防御系统，安全平台大大提高了对已知和未知威胁的防御能力，也有利于使性能达到最佳。

第八章　计算机应用技术研究

第一节　动漫设计中计算机技术的应用

在计算机技术不断发展的背景下，新的动漫制作软件应运而生，在动漫产业中，计算机得到了进一步的应用。动漫技术作为动漫制作行业中不可或缺的关键因素，需要计算机技术来支持方可提升动漫制作水平和效率。现如今，动漫工作人员首先必须要学好计算机技术才能步入动漫产业中，比如需要学习如何运用三维立体显示技术、如何运用三维成像技术等。我国计算机技术的应用和发展和发达国家相比仍然存在较大的差距，为此，需要不断提升我国相关工作者运用和研发计算机的能力。

一、动漫产业发展概况

世界上三个国家的动漫产业发展比较好，市场份额比较高，第一位是美国。20 世纪 90 年代，美国动漫出口率已经高于其他传统工业，可以说世界上很多国家的动漫发展都深受美国影响。第二位是日本，日本动漫产业非常发达，仅次于美国，其中动漫游戏出口率要远远超出了钢铁企业，对日本国民经济发展起到了非常重要的作用。第三位是韩国，虽然韩国动漫与美国、日本相比，还有一定的差距，但却远远在中国之上，其动漫产业是国民经济的第三大产业。

我国的动漫产业发展相对较晚，目前还在不断的摸索探寻过程中，这也说明我国的动漫产业有着非常好的发展空间。我国相关部门出台了很多支持政策来推动我国动漫产业的发展。我国的动漫产业在多方努力下也取得了较快的进步，但是我们仍然要有清醒的自我认识，要朝着发达国家先进的动漫产业发展方向不断努力前进。就现实情况来看，我国动漫产业有待解决的问题有很多，比如动漫创作理念陈旧，一直深受传统理念制约，过于注重教育功能，因此比较适合儿童观看，而青少年以及成年人受众非常少，所以这部分市场份额有待开发；我国动漫产业发展情况一直滞后于精神文化发展，无法满足市场需求，所以我国有很多动漫产品出现了滞销的问题；除此之外，最为严重的问题就是我国动漫企业创新比较差，绝大多数产品都没有创新性，而研发动漫产品的企业也没有品牌意识，所以我国的动漫公司通常企业规模都不是很大，也难以实现扩大再生产。总之，我国动漫产业发展形势一片大好，但就现实情况来看，我们与动漫产业大国相比，还有一定的差距，我们要正视这种差距，才能够有获得发展的机会。

二、计算机技术在动漫领域中的应用

（一）动漫设计 3D 化

虚拟技术是动漫设计中重要的技术之一。所谓的虚拟技术，就是有机结合艺术与计算机技术，在动漫设计中使用计算机技术设计出三维视觉，在这种情况下动漫画质得到了质的突破，观看者可以享受更加舒适、真实的动漫效果。此外，计算机技术可以改善图像形成结构。和传统的图像相比，3D 技术的应用对整个动画图像的显示效果进行了改善，计算机平台极大地推动了动漫产业的发展和进步，为动漫产业注入了新的活力。

（二）画面的真实性增加

传统的动漫设计中的画面处理常常会出现失真的情况，观看起来给人以粗糙的感觉。计算机技术的应用提升了动漫设计画面的处理精细度，让画面的真实性提高。各物体在虚拟世界中有了更加独立的活动，计算机技术和动力学、光学等多门学科的综合运用促使换面设计的视觉效果更加真实，观看者可以看到更加真实完美的画质。

（三）三维画面自然交互

经过现实化处理后的三位用户感官能够形成清晰的三维画面，观看者在观看中如临其境，尤其是 4D、5D 技术的到来，为观看者创造了更加真实的视觉感受。计算机技术和数字技术不断的发展过程中，也创造了更加丰富多样的互动交流形式，其中，手语交流是人与虚拟世界自然交互的一种方式。在动漫产业中，自然交互形式可以说是一座里程碑，代表了动漫产业中计算机发展的一大成果。

三、计算机动漫设计技术发展

在现代信息科技时代，计算机以及各种软件发展更新的速度惊人，在工作、娱乐、生活中如何更好地应用计算机和各种软件已经成为各个行业的要求。在通信、电影等行业对计算机技术的依赖性不断增加，这些产业的未来发展在很大程度上受计算机技术发展的影响。为此，计算机技术在未来将得到进一步的应用，各个行业也将更好地和计算机技术融合、相互推动和发展。对于动漫产业来讲，计算机技术在我国动漫中仍然有着非常大的发展和应用空间,但是仅仅依靠计算机技术并无法有效提升动漫产业发展效果。在动漫制作中，我们要将以对待艺术品的态度对待动漫制作，充分尊重动漫题材所要表达的思想，赋予动漫灵魂和感情，用计算机辅助技术细化画质，丰富动漫人物的表情、色彩，让观看者可以更好地理解动漫所要传达的思想，拥有更加舒适的体验。

国民经济水平的提高促使对生活品质和娱乐等有了更高的要求，动漫产业作为生活娱乐中的重要组成内容，需要为国民提供更好的服务。在计算机技术的应用下，动漫产业在近些年得到了很快的发展，随着计算机和相关软件的不断发展，相信未来我国动漫产业将会迎来新的春天。本节重点对动漫设计中计算机技术的应用进行了分析，并且对计算机和动漫产业未来的发展做出了展望，希望本节的提出能够具有一定的价值。

第二节　嵌入式计算机技术及其应用

随着科学技术的迅速发展，数字化、网络化时代已经到来，而嵌入式计算机技术及其应用逐渐被各行各业高度关注，它已经广泛运用到科学研究、工程设计、农业生产、军事领域、日常生活等各个方面。本节就嵌入式计算机的概念和应用、现状分析、未来展望三个方面进行探讨，让读者更加深入地了解嵌入式计算机。

由于微电子技和信息技术的快速发展，嵌入式计算机已经逐渐渗入我们生活的每个角落，应用于各个领域，为百姓提供了不少便利，也带来了前所未有的技术变革。人们也对此技术也不断深入研究，希望挖掘它所创造的无限可能。

一、嵌入式计算机的概念和应用

（一）嵌入式计算机的概念

从学术的角度来说，嵌入式计算机是以嵌入式系统为应用中心，以计算机术为基础，对各个方面如功能、成本、体积、功耗等都有严格要求的专用计算机。通俗来讲，就是使用了嵌入式系统的计算机。

嵌入式系统集应用软件与硬件于一体，主要由嵌入式处理器、相关支撑硬件、嵌入式操作系统以及应用软件系统组成，具有响应速度快、软件代码小、高度自动化等特点，尤其适用于实时和多任务体系。在嵌入式系统的硬件部分，包括存储器、微处理器、图形控制等。在应用软件部分包括应用程序编程和操作系统软件，但其操作系统软件必须要求实时和多任务操作。在我们的生活中，嵌入式系统几乎涵盖了我们所有使用的电器设备，如数字电视、多媒体、汽车、电梯、空调等电子设备，是真正做到无人不在使用嵌入式系统。

但是，嵌入式系统却和一般的计算机处理系统有区别，它没有像硬盘一样大的存储介质，存储内容不多，它使用的是闪存（flash memory）、eeprom 等作为存储介质。

（二）嵌入式计算机的应用

1. 嵌入式计算机在军事领域的应用

最开始，嵌入式计算机就被应用到了军事领域，比如它在战略导弹 MX 上面的运用，这样可以很大程度上增强导弹击中目标的速度和精准性，对此，主要就是运用抗辐照加固未处理机。在微电子技术不断发展的情况下，嵌入式计算机今后在军事领域的运用只会增多，现如今对我国 99 式主战坦克也有涉及。

2. 嵌入式计算机在网络系统中的应用

众所周知，要说嵌入式计算机在哪方面运用最多，那便是网络系统了。它的使用可以让网络系统环境更加便捷简单。如在许多数字化医疗设施中，即便是同样的设计基础，仍然可以设立不一样的网络体系。除此之外，这种方法还可以大大减少网络生产成本，也可以增加使用寿命。

3. 嵌入式计算机在工业领域中的应用

嵌入式计算机技术在工业领域方面的运用十分广泛，既可以加强对工程设施的管理和控制，又可以运用这种技术对周边状况以及气温进行科学掌握。这样一来，可以确保我们所用设施持续运转，也可以达到我们想要达到的理想效果。

除了笔者所列举的三种应用方面，其实还有很多领域都要运用嵌入式计算机，如监控领域、电气系统领域等，这项技术给人们带来的成果无法估量。

二、嵌入式计算机的现状分析

最开始嵌入式系统概念被提出来的时候，就获得了不错的反响，它以其高性能、低功耗、低成本和小体积等优势得到了大家的青睐，也得到了飞速的发展和广泛应用。但是由于当时技术有限，嵌入式系统硬件平台大多都是基于 8 位机的简单系统，但这些系统一般都只能用于实现一个或几个简单的数据采集和控制功能。硬件开发者往往就是软件开发者，他们往往会考虑多个方面的问题，因此，嵌入式系统的设计开发人员一般都非常了解系统的细节问题。

然而随着技术的逐渐发展，人们的需求也越来越高，传统的嵌入式系统也发生了很大的变化，没有操作系统的支持以及成为传统的嵌入式系统的最大缺陷，在此基础上，工程设计师们绞尽脑汁，扩大嵌入式系统使用的操作系统种类，可分为商业级的嵌入式系统和源代码开放的嵌入式操作系统。其中使用较多的是 Linux、Windows CE、VxWorks 等。

三、嵌入式计算机的未来发展

目前嵌入式系统软件在日常生活的应用已经得到了大家的认可，它不仅可以加快我国的经济发展，还可以实现我国当前的经济产业结构转型。但继续向前发展仍然需要技术人员的不断努力，在芯片获取、开发时间、开发获取、售后服务等方面，也需要加强，很多大型公司也在尽力研究高性能的微处理器，这无疑为嵌入式计算机的发展打下了良好的基础。

由于嵌入式计算机的用途不一，对硬件和软件环境的要求差异极大，技术人员也在想办法解决此问题，目标是推进嵌入式OS标准化进程，这样会向更多大众所适应的那样，更加方便地裁剪、生产、集成各自特定的软件环境。但值得肯定的是，在嵌入式计算机未来的发展中，会被越来越多的领域所运用，它将渗入我们生活大大小小的方面。

总而言之，在科学技术不断发展的情况下，嵌入式系统在计算机中的运用已经逐步占据我们的生活，融入我们的日常。嵌入式系统不仅有功能多样化的特点，形态和性能也足够巧妙，还为我们带来了一定的便捷性，对计算机的损耗也大大减少，也大大提高了计算机的稳定性。嵌入式计算机改变了以往传统计算机的运行方式，拥有更多优点和功能。综上所述，嵌入式计算机使我国的科技发展向前迈进了很大一步，也使计算机技术有了很大的提高。对于未来，嵌入式计算的作用和价值往往会超乎我们的想象。

第三节　地图制图与计算机技术应用

计算机技术的高速发展背景之下，极大地推动着很多行业的全面发展，其中就有地图制图领域，该领域逐步的实现数字化转变和应用。地图制图与计算机技术融合起来，可以更好地提升工作的效率和数据的精确度。本节具体分析当前地图制图环节中的主要理论，然后了解该领域与计算机技术的融合应用，希望可以更好地促进地图制图领域的全面发展，极大地促进该领域的全面发展。

一、地图制图概论

（1）地图制图通常也可以叫作数字化地图制图，这是在计算机技术融合中改变的，这种方式，也可以称之为计算机地图制图。在实践操作中，原有地图制图的基本原理，应用计算机技术辅助进行，同时也融合了一些数学逻辑，可以更好地进行地图信息的存储、识别与处理，最终可以实现各项信息的分析处理，再将最终的图形直接输出，以大大提升地图制图的工作效率，数据的精确度也更高。

（2）要想综合地掌握数字地图制图，就应该充分地了解和分析数字地图制图所经历的过程。从工作实践分析，数字地图制图主要可以分成四个步骤。首先，应该充分地做好各项准备工作。数字地图制图准备阶段，和传统的地图制图准备工作是相似的。为了能够保证准备工作满足实际工作需要，还需要应用一系列的编图工具，并且对于各项编图资料信息进行综合性的评估，进而可以选择使用有价值的编图资料。按照具体的制图标准，应该合理地确定地图具体内容、表示方法、地图投影，还要确定地图中的比例尺。

其次，做好地图制图的数据输入工作。数据输入就是在地图制图时将所有的数据信息实现数字化的转变，就是将各项数据信息，包含一些地图信息直接转变成为计算机能够读取的数字符号信息，进而更好地开展后续的操作。在具体的数据输入环节，主要是将所应用的全部数据都输入计算机内，也可以选择使用手扶跟踪方式来将数字信息输入计算机内。

再次，将各项数据编辑与符号化工作，在地图制图工作环节，将各项数据都输入计算机系统内，然后就要将这些数据实现编辑与符号化处理。为了使这些工作高效、准确地完成，必须要在编辑工作前进行严格的检查，保证各项输入的数据都能够有效的应用，且需要对各项数据进行纠正处理，保证数据达到规范化的标准。在保证数据信息准确无误之后，就要进行特征码的转换，然后是进行地理信息坐标原点数据的转化，统一转变成为规定比例尺之下的数据资料，且要针对不同的数据格式进行分类编辑工作。上述工作完成之后，就要进行数据信息编制，在该环节中，要对数据的数学逻辑处理，变换相应的地图信息数据信息，最终获取相应的地图图形。

（3）地图制图的技术基础。要想全面地提升地图制图工作效率和质量，最为关键的技术就是计算机中的图形技术。将该技术应用到实践中，就能够满足地图抽象处理的需要。此外，计算机多媒体等先进的技术也可以应用到实践中，从而满足地图制图工作的需要。

（4）地图制图的系统的构成。在地图制图系统的应用过程中，需要由计算机的软硬件作为支持，同时还需要各种数据处理软件，这是系统的主要组成部分。

二、地图制图与计算机技术的应用

地图制图技术所包含的内容比较多，从实际情况分析，包含地图制作与印刷、形成完善的图形数据库。地图图形的应用和数据库联系起来，可以更好地展示地图图形，然后再应用到数据库中进行显示、输入、管理与打印等，最终可以输出地图信息。地图制图系统除了上述几个方面的应用外，还能够使用到城市规划管理、交通管理、公安系统的管理等方面，同时还能够应用到工农矿业与国土资源规划管理过程中，发挥巨大的作用。

比如将地图制图技术应用到计算机系统之后，然后进行城市规划的管理与控制，可以更好地实现地图信息的数字化转变，将各项地图数据信息直接录入数据库内，将制作完成的数据库信息，就能够开始对城市规划方案进行确定，且能够实现输入、接边、校准等处理，最终就能够直接形成城市规划数字化地图形式。将该制作完成的数字化图形再次利用到数据库信息来进行各项数据的管理，可以满足系统的运行需要。为了使城市规划地图制图工作有序开展，还应该根据实际工作的需要建立城市地形数据库信息，数据库中包含了完善的城市地形相应的数据信息，具体就是用地数据、经济发展数据、人口分布数据、水文状态数据等方面，再应用 SQL 查询，给城市规划决策的制定提供良好的基础。

例如，在某行政区图试样图总体图像文字处理的过程中，采用 Mierostation 进行图形制作，然后使用的 Photoshop 进行图像处理，通过处理的图像文字采用 CorelDarw 及北大方正集成组版软件组版。在该过程中，图形制作是测绘生产部门首要解决的问题，在实践中，彩色图和划线地图不同，需要对它的线状要素考虑，还需要面对面状要素普染颜色及层分布问题。故而，通过计算机技术的应用，能够全面地满足以上问题的叙述要求，大大地提升地图制图的效率。

数字化地图能够使用的范围是比较大的，除了上述几个方面之外，还可以应用到商业、银行、保险、营销等领域内。比如，数字化地图在银行工作中的应用，可以充分地了解银行网络在城市、农村等地区的分布情况，此时可以根据实际情况来确定银行设置的网点，给银行管理者确定发展规划提供有力的支持，促进银行发展。

综上所述，地图制图与计算机技术有效地融合到一起，能够更好地实现数字化转变，可以更好地提升应用效果。该技术的应用是比较广泛的，各个领域的发展都能够起到积极的推动作用，使得城市发展前景更加宽阔，极大地推动社会的发展和进步。

第四节　企业管理中计算机技术的应用

随着科学技术的高速发展，互联网技术以及计算机技术也在快速发展着，并且已经深入学校教学、企业办公和人们的日常生活当中。计算机技术在企业中越来越深入，作用也日趋加深，变得不可替代。虽然我们已经将计算机技术不断加强改进，运用到企业的管理当中，但是未来计算机仍旧具有发展空间。本节就对企业管理中的计算机技术的应用进行了研究探讨。

计算机技术的开发与使用对于企业管理来说打开了一个新的思路。在计算机技术的辅助下，企业管理的质量和效率都得到了很大的提高。所以，企业也越来越意识到计算机技术对于企业运营的重要性，并且也都加入了使用计算机技术完成企业管理工作的队伍中，但如何更好地在企业管理中发挥计算机技术的作用还需要进一步研究探索。

一、计算机技术的优点

近些年来，随着科学技术的不断发展，计算机技术与互联网技术的发展势头迅猛。把计算机技术运用到企业中可以提高工作效率、增强企业的综合竞争力，而互联网的产生又催生了新型的企业模式，即互联网公司。可以说，计算机技术的应用使企业的管理更加稳定，计算方法更加简单、便捷。各大企业将计算机技术广泛地应用到企业日常的管理和计算中时，节约了企业的人力和物力支出，这就相当于为企业节约了运营成本。虽然节约成本也是计算机技术的另一大优势，但把计算机技术运用到企业中也绝不仅仅只有这些优点。

计算机技术在企业管理中具有系统性管理和动态性管理的特点，互联网的应用又可以使企业能够对项目的情况和进展做到实时监控和管理。这种实时的监控以及管理能够有效提高工作效率，将项目的进度和现场情况实时反馈给企业的管理层，让企业了解项目的情况，及时对方案和进度做出调整指示，还能够提供更多的资金周转时间，让企业的管理层成员了解企业的运营情况，为企业争取更大的利益。

随着现代经济的高速发展，企业想要跟上经济形势，就必须具备一个移动的办公室。这个办公室可以随时随地进行操作和计算，及时掌握企业经营状况，传统的企业管理方法根本无法做到这一点。计算机技术却可以帮助企业解决这一困难。在这种管理方法和管理模式之下，企业的管理层可以随时对企业进行监督、查询和远程指导。这样既帮助企业节省了人力、物力、财力，又保证了数据的安全性，使企业在管理上能够更加科学化、现代化。这些优势可以使企业在管理中更加高效、简洁，从而提高企业的综合竞争力。

二、企业管理对于计算机技术的要求

第一，降低计算机技术成本。企业运营的目的就是盈利，所以企业在计算机技术方面的要求第一个就是成本问题。企业希望计算机技术可以在企业的管理运营中带来经济效益，但同时又能够降低计算机技术的成本，减少企业的经济支出，增加利润。

第二，提供稳定的平台和处理方式。人事和行政两个部门，一般都需要处理一些细节性的事情，包括数据的整理等。但是这些工作往往需要耗费大量的人力资源，不仅耗费时间和精力，而且对于企业来讲，这样的工作方法根本就没有什么效率可言。工作效率低下会使企业的管理层不能够及时正确地接收内部信息，致使管理者做出不恰当的决策。企业的管理和战略决定着这个企业的未来发展，其需要稳定的平台和有效的处理方式。这就需要计算机技术利用自身的稳定性和有效性解决企业管理中的这一难题。

第三，信息数据的安全性。企业的基本管理包括人力资源管理、生产材料分配、生产进程、项目进度、财务管理等内容。涉及这些方面的数据以及信息对于企业来说都是非常重要的资料，所以一定要保证它们的安全性。这就需要计算机技术通过自身的优势来帮助企业实现这一愿景。

三、计算机技术在企业管理中的应用

（一）计算机技术在财务方面的应用

财务部门对于企业来说是一个核心部门，财务的数据信息能够直观地反映企业的经营状况。传统的财务管理存在费时费力的问题，还不能及时准确地接收市场的一些动态的信息，不能够保证持有信息的安全性，这也给企业埋下了信息安全隐患。但是计算机技术的应用改变了传统财务管理的方式方法，不再需要费时费力地整理大量的财务数据，可以运用计算机技术的运算系统来完成。并且在信息传递方面，能够及时准确地将信息传递给相关人员，不会因为人力、物力的匮乏，造成信息的延迟传递，避免给企业带来经济损失。计算机技术在财务管理方面的应用能够及时反馈实时信息，让领导在做决策时根据当前的环境给出恰当的判断和决定，提高了企业的工作效率。

（二）计算机技术在人力资源方面的应用

在传统的企业管理模式当中，人力资源管理主要就是掌控和管理信息。当人力资源部门面对大量的数据以及信息的时候，就需要大量的人力和物力对这些信息进行分类整理，耗时、耗力。但是运用计算机技术之后，就可以简单快速地将这些数据进行分类和统计，不用再像以前一样需要那么多的人力和物力。况且，人工整理也很有可能因为个人的状态问题或者其他的因素对数据的整理、统计产生偏差。但是计算机技术就可以有效地避免这一点，提高了工作效率，节省了人力资源工作成本。

（三）计算机技术在企业资源管理方面的应用

企业的资源管理包括人力资源管理、生产物料管理、财务信息管理、企业运营活动等。资源的安全性对于企业来说非常重要，它关系着企业是否能够正常经营，完成生产和销售环节，是企业的发展命脉以及生产经营的基本保障。计算机技术的安全性是毋庸置疑的，它能够有效地解决企业资源管理的信息安全问题。计算机技术还可以帮助企业更有效地分类和整理信息，对于库存的信息也能够及时登记，协助企业的领导层更好地进行组织活动。

（四）计算机在企业生产方面的应用

在现代的生产类企业当中，新产品的研发需要投入相当大的人力、物力和财力。为了增强企业在整个市场当中的综合竞争力以及核心优势，企业的研发人员就可以使用计算机技术来完成新产品的开发。这样可以节约大量的人力成本和研发资金的投入，从而有效地为企业节约成本。

四、计算机技术在企业管理中存在的问题

（一）对计算机技术的重视度不够

由于客观条件的影响，人们的思想还没有跟上经济发展的步伐，对于计算机技术的认识还未达标。对于一大部分企业来说，管理层多为年纪较大的人员，所以他们对于新鲜事物的接受和适应能力较差。很多企业的管理层并没有认识到计算机技术对于企业管理的重要性，更没有认识到计算机技术能够为企业带来良好的经济效益。领导者在企业的发展中扮演着至关重要的角色，他们的态度影响着企业管理和经营的模式。他们对于计算机技术的不理解、不支持，也直接导致企业对于计算机技术的不重视。计算机技术的优势在这样的企业中难以发挥，而企业的宝贵资源也会被浪费。

（二）没有明确的发展目标

计算机技术的高速发展在一定程度上也推动了企业管理的发展，但在我国的大部分企业中并没有制定明确的基于计算机技术之上的企业发展目标。由于没有指导思想，企业管理的发展也受到了不同因素的制约。还有一些企业不太相信计算机技术在企业管理方面的优势，对这一切还持观望的态度。这也导致部分企业还是倾向于传统式的企业管理，其不仅影响了企业的办公效率，也阻碍了企业综合竞争力的提高。

五、计算机技术在企业管理中的改善措施

（一）提高对计算机技术的认识水平

首先，需要帮助领导者认识到计算机技术在企业管理中的优势和作用，使领导者在企业管理中对于运用计算机技术持有支持的态度，进而为基于计算机技术的企业管理创造良好的条件。其次，企业的领导者应该有意识地学习关于计算机技术下的企业管理知识，然后安排公司进行培训，让企业员工都能够掌握计算机技术，以及认识到计算机技术对于企业管理的重要性。计算机技术只有得到领导层和员工的一致认可，才能有效促进企业管理水平的提高。最终达到提高企业的工作效率，避免资源浪费，降低成本，增强企业综合竞争力的目的。

（二）制定明确的发展目标

明确的发展目标为基于计算机技术的企业管理指明了道路。有了指导思想才能够更好地发展计算机技术，使计算机技术在企业管理方面发挥它的优势。对于一些中小型企业来说，计算机技术发展目标大体上可以确定为提高企业的工作效率，降低企业的运营成本，节约资源等；对于大型企业来说，将计算机技术应用到企业管理当中，应该达到增强企业自身的核心竞争力，提高企业在市场中的综合竞争力的目的。

计算机技术对于企业管理来说有着至关重要的作用。它能够简化企业管理的方式、提高企业的工作效率、降低企业的运营成本，科学有效地管理企业。只有重视计算机技术在企业管理中的应用，才能最大限度地发挥出它的作用，在提高企业效益的同时让企业在市场竞争中站稳脚跟。

第五节　计算机技术应用与虚拟技术的协同发展

随着我国科技的不断发展，虚拟技术随之出现在了人们的生活当中。虚拟技术的到来不仅在极大程度上给人们的生活带来了便捷，而且在一定程度上推动了我国社会经济的发展。虚拟技术主要指的是一种通过组合或分区现有的计算机资源，让这些资源表现为多个操作环境，从而提供优于原有资源配置的访问方式的技术。虚拟技术作为一种仿真系统，其生成的模拟环境主要是依靠计算机技术进行的。随着我国现在计算机技术的进一步发展，虚拟技术已经成为信息技术中发展最为迅速的一种技术。本节也将针对计算技术应用与虚拟技术的协同发展进行相关的阐述。

一、虚拟技术的概述与特征

（一）虚拟技术的概述

随着我国科技的不断发展，人们逐渐进入了信息时代。在信息时代当中，信息技术的发展变得越来越迅速。在这种情况之下，虚拟技术随之应运而生。对于虚拟技术而言，虚拟技术的基础组成部分主要可分为三个方面，分别是计算机仿真技术、网络并行处理技术，以及人工智能技术。这三种技术作为组成虚拟技术的重要部分，是虚拟技术不可缺少的。此外，虚拟技术除了不能缺少这三个基础之外，更是需要借助计算技术对其进行辅助，因为只有计算机技术的辅助，虚拟技术才能进行事物模拟。为了能够让虚拟技术在计算机技术中得到更好的应用，相关人员除了需要不断地对其进行研究之外，更重要的是在计算机信息技术快速发展的过程中，对计算机技术的发展历程进行研究。

（二）虚拟技术的特征

上述针对虚拟技术的概述进行了相关的阐述，总的来说，虚拟技术给人们生活带来的好处是毋庸置疑的，而为了让虚拟技术在今后得到更好的发展，以及对虚拟技术有足够的认识相关人员就需要加大对其的研究。对于虚拟技术而言，由于虚拟技术是在网络技术、人工智能以及数字处理技术等多种不同信息技术中发展起来的一种仿真系统。所以虚拟技术也将拥有许多特征。本节将通过以下三个方面，对虚拟技术的特征进行相关的阐述。一是虚拟技术有着良好的构想性。所谓构想性，其主要指的就是使用者借助虚拟技术，从定量与定性的环境中去获得理性的认识，在获取的过程中所产生的创造性思维。虚拟技术之所以具有良好的构想性，其原因主要是，虚拟技术能在一定程度上激发使用者的创造性思维。二是虚拟技术的交互性。虚拟技术作为一种人际交互模式，在使用时，所创造的一个相对开放的环境主要是动态的。虚拟技术的交互性主要指的是，使用者利用鼠标与电脑键盘进性交互；除此之外，使用人员也可利用相关设备进行交互。在交互的过程当中，计算机会对使用者的头部、语言以及眼睛等动作的进行调整声音与图像。三是虚拟技术具有沉浸性。对于虚拟技术而言，虚拟技术主要的工作原理是，通过计算机技术来构建一个虚拟的环境。虚拟技术所创造出的环境与外界环境并不会产生直接的接触，由于虚拟技术所创造的环境有着很强的真实性，所以使用者在体验的过程中就会沉浸在其中，正是因为虚拟技术拥有良好的沉浸性，可以吸引使用者的注意力，所以现如今虚拟技术已经被逐渐运用到了各个领域当中。

二、虚拟技术在计算机技术中的应用

通过上述可以了解到，虚拟技术的特征将给人们的生活带来更大的益处，针对虚拟技术，相关人员更是需要对其加以研究，使之在今后得到更好的发展。当然，在时间的不断推移之下，虚拟技术在计算机技术中的应用也变得越来越广泛。自我国第一台计算机诞生之后，我国计算机技术的发展速度就变得越来越快，计算机技术的迅速发展，也使得新型计算机随之应运而生。就对目前我国市面上的计算机来看，现在市面上的计算机已经变得十分轻薄，且拥有着许多智能化的功能。虽然目前我国的计算机普遍都已经智能化，但在计算机技术智能化发展的过程中，传统计算机却面临着许多严峻的挑战。针对这些严峻的挑战，相关人员也采取了许多解决措施，其主要表现在以下两点。一是相关人员首先在计算机研发原理上进行了突破，且在虚拟技术上取得了较快的发展，尤其是多功能传感器相互接口技术在虚拟技术中的作用变得越来越突出。二是对计算机性能与智能化性能进行了优化升级，在计算机性能与智能化性能的不断优化升级过程中，虚拟技术对其起到了十分积极的作用。将现如今的计算机人机界面与传统的人机界面相比较的话，可以明显看出，虚拟技术很多方面都取得了进步。

三、计算机技术应用与虚拟技术的协同发展

随着我国科技的不断发展，多媒体技术随之出现在了人们的生活当中，并得到了人们的广泛应用。对于对媒体系统而言，多媒体系统作为计算机技术应用中的一种，利用多媒体会议系统，可以将多媒体技术、处理以及协调等各方面的数据，如程序、数据等的应用共享，创造出一个共享的空间。此外，多媒体系统也可以将群组成员音频信息与成员的视频信息进行传输，这样不仅可节省许多时间，而且方便成员之间相互传递信息。

总而言之，随着我国经济的不断发展，虚拟技术随之出现在了人们的生活当中，虚拟技术与计算机技术是密不可分的，通过对计算机技术应用与虚拟技术的协同发展的阐述，可以知道，想要虚拟技术得到更好的发展，就需要对其计算机技术，以及相关应用加以研究。

第六节　数据时代下计算机技术的应用

本节在数据时代背景下，探讨如何科学、合理地运用计算机技术为企业服务，这也是当前人们研究的重点问题。基于此，主要分析了数据时代下的计算机信技术的应用关键，期望能够对有关单位提供参考与借鉴。

自20世纪80年代以来，全球信息技术快速发展，特别是Internet的出现和普及，让信息技术迅速地渗透到了社会各个角落，其也标志着全球信息社会的成形，信息化成为人们一直的实际潮流。在数据时代下想要满足计算机技术的应用要求，就需要对计算机信息处理技术进行研究分析。

一、数据时代下的计算机信息处理技术研究

（一）计算机信息采集技术和信息加工技术的研究

在数据时代发展背景下，有关工作人员想要有效地将计算机信息处理技术进行创新发展，就必须要根据其发展现状与存在的问题研究出一些有效策略，首先，笔者认为需要对计算机信息采集技术进行全面的改善创新，将原本存在的不足之处弥补，要明白计算机信息集采技术不单纯是进行信息数据的收集、记录以及处理等工作，还要对信息数据进行有效的控制监督，将所收集到的相关信息书籍全部记录在案，纳入数据库中。其次为了符合数据时代下计算机技术的应用发展，必须要加强对计算机信息加工技术的研

究创新工作，必须要按照用户的需求来对不同种类信息数据进行加工，然后在加工完成后传输给用户，从而为计算机信息处理技术提供足够的基础，让整合计算技术应用得到有力的保障。

（二）计算机信息处理技术研究

在以前信息数据网络都是通过计算机来进行信息数据的收集、记录以及处理等工作，所具有的操作空间较小，使得计算机技术的应用受到了一定限制，而在数据时代的发展背景下，可以通过云计算网络来开展以前的一系列工作，让计算机技术应用的操作空间变得越来越大，而计算机信息处理技术在数据时代下所展现出的优势也逐渐明显，被人们所重视。

（三）计算机信息安全技术的研究

在数据时代下，笔者认为可以从三个关键点对其进行计算机信息安全技术的提升：

（1）在数据时代下传统的计算机信息安全技术已经无法紧跟时代的发展步伐，满足不了人们对于计算机技术应用的需求，因此必须要不断地研发新的计算机信息安全技术产品，为数据时代下的计算机信息数据带来有效的安全保障。

（2）相关工作人员在研究新的计算机信息安全技术产品时，必须要健全完善计算机安全性系统，构建出一个科学合理且有效的计算机安全体系，并且在这个过程中必须要保证资金的充足，加强对有关人员的培训工作，争取为我国培养出具有专业性的优秀计算机技术人才，为我国的计算机信息安全技术研究工作做出更大的贡献。

（3）在数据时代下，我们必须要重视对信息数据的实时检测工作，因为数据时代下的信息数据种类繁多，且信息量非常大，如果在信息数据进行收集、记录以及处理等工作时没有实施检测，那么极有可能出现安全隐患，所以必须要有效地运用计算机技术，对信息数据进行实时检测，确保这些信息数据具有足够的安全可靠性。

二、数据时代下计算机信息技术系统平台的构建研究

（一）构建虚拟机与安装 Linux 系统

在数据时代下，计算机所应用的 Linux 系统是当前最新的版本，在对其进行构建时，必须要重视静态 IP、主机名称等因素，在一定的程度上来讲，想要在 IBM 服务器中创建出独立虚拟机，必须要为其打造出一个具有极强操作性的系统，当本地镜像建立后就可以进行 Linux 系统的安装，并且在这个过程中一个服务器是可以安装两个甚至更多的虚拟机的。通过这样的方式不仅能够提升虚拟机与安装 Linux 系统的构建效果，还能为构建工作节约大量的时间。

（二）计算机服务器硬件以及其他方面的准备工作

在进行计算机信息技术系统平台的构建时，需要注意计算机服务器硬件的基础条件，在计算机服务器硬件中是需要多个 IBM 服务器的，在安装完成后还要对其进行检测，确保这些 IBM 服务器能够安全稳定地运行，其他方面的工作主要是对静态 IP 以及相关系统的构建及检测工作，确保其性能，使整个运行具有安全性和可操作性。

（三）Hadoop 安装流程分析

在完成前面的工作以后，就可以进行 Hadoop 安装工作，在进行 Hadoop 的安装时，必须要为其配置相关文件，然后在相关文件配置后，开始 JAVA 的安装工作以及 SSH 客户端登录操作，在这个过程中还可以合理地运用命令安装，在安装完成后必须要设置相关的密码（包括了登录密码、无线密码，等等）。必须要让逐渐点生成一个密钥对，要将密钥进行公私划分。并还要把公钥复制在 slawe 中，把相关的权限调整为对应的数据信号，在今后就能够迅速且精简地进行密钥配对，使得公钥追加授权的 key 程序中，最后再通过一系列的操作使得 Hadoop 的安装流程变得简单易操作。

三、数据时代下的计算机信息收集技术研究

（一）数据采集技术

在大数据出现之前，尽管大家都知道普查是了解市场最好的一种调查方式，但由于普查范围太广，成本太高，因而企业难以进行有效的普查。而大数据的出现，从根本上改变了传统调查难以进行普查的局面。但在实际的调查工作中，需要根据任务目标，明确样本采集的总体，而其主要内涵是，通过企业自身产品定位，来确定具体的客户群体，并基于该类客户群体，实施市场调查。如针对汽车产品，首先要明确用户的使用场景和使用习惯，从而能够基本确定其消费层次。结合大数据，还能够了解到这类用户的年龄分布和消费习惯。在确定消费层次、年龄分布等信息之后，就能够有针对性地进行相应的市场调查了。

同时，在进行数据采集的过程中，需要采用高效的数据采集工具。由于大数据所具有的特点，所以在实际的数据采集工作中，所需要面对的数据量巨大、所需要分析的内容和具体方面也非常多，所以采用必要的工具来进行数据收集，可以有效地提高数据采集的效率和分析效率。在数据采集中，可以通过日志采集的方法来实现。日志采集是通过在页面预先置入一段 javaScript 脚本，当页面被浏览器加载时，会执行该脚本，从而搜集页面信息、访问信息、业务信息及运行环境等内容；同时，日志采集脚本在被执行之后，会向服务器端发送一条 HTTPS 的请求，请求内容中包含了所收集的信息；在移动设备的日志采集工作中，是通过 SDK 工具进行，在 APP 应用发版前，将 SDK 工具

集成进来，设定不同的事件、行为、场景，在用户触发相应的场景时，则会执行相应的脚本，从而完成对应的行为日志。

（二）数据处理技术

在完成数据的采集之后，相关数据质量可能参差不齐，也可能会存在一定的数据错误，因此在对大数据进行分析和利用之前，需要解决大数据的处理和清洗问题。在进行数据清洗过程中，可以通过文本节件存储加 Python 的操作方式进行数据的预处理，以确定缺失值范围、去除不需要字段、填充缺失内容、重新取数的步骤来完成预处理工作。另外要对格式内容，如时间、日期、数值等显示格式不一致的内容进行处理，以及对非需求数据进行处理。通过删除不需要字段的方法，可以完成一些数据清洗工作，而针对客服中心的数据清楚，则需要进行关联性验证步骤。例如客户在进行汽车的线下购买时预留了相关信息，而客服也进行了相关的问卷，则需要比对线上所采集的数据与线下问卷的信息是否一致，从而提高大数据的准确性。

（三）数据分析技术

数据分析直接影响对大数据的实际应用。数据分析的本质是具有一定高度的业务思维逻辑，因此数据分析思路需要分析师对业务有相当的理解和较广的眼界。首先在进行数据分析时，要认同数据的价值和意义，形成正确的价值观。其次在进行数据分析时，要采用流量分析，及时对网站访问、搜索引擎关键词等的流量来源进行分析；同时要自主投放追踪，如投放微信文章、H5 等内容，以分析不同获客渠道流量的数量和质量。数据分析的目的是为企业的决策提供依据，因此，进行数据分析时，需要通过报告的形式来对数据内容进行反映，在报告中，要明确数据的背景、来源、数量等基本情况，同时需要以图表形式来进行直观表现。最后需要针对数据所反映的问题进行策略的建议或对相关趋势的预测。

综上所述，在数据时代下，计算机技术的应用应当学会创新发展，跟上时代的发展步伐与社会需求，充分地运用相关技术，将计算机技术在数据时代下的应用作用发挥到最大。

第七节　广播电视发射监控中计算机技术的应用

随着社会的不断进步，计算机技术飞速发展，被广泛应用到不同行业、领域中，发挥着关键性作用。在广播电视行业发展中，计算机技术的应用可以动态监控广播电视发射设备，做好防护工作。因此，本节将客观分析广播电视发射监控中计算机技术的作用，探讨广播电视发射监控中计算机技术的应用与前景。

在新形势下，广播电视发射监控已被提出全新的要求，必须优化利用计算机技术动态监控广播电视发射，避免广播电视发射受到各种因素影响，使其顺利传输各类信号，提高传输数据信息准确率。在应用过程中，相关人员必须综合分析各方面影响因素，结合广播电视发射的特点、性质，多角度巧妙利用计算机技术，实时监控广播电视发射中心，顺利实现广播电视发射，避免发射中出现故障问题。

一、广播电视发射监控中计算机技术的作用

（一）图像信号发射监控方面的作用

早期，呈现在大众面前的电视节目只有画面没有声音，随着音频传播技术的持续发展，当下电视顺利实现了“音频、图像”同步传播，可以输出彩色的图像，在此过程中，计算机技术发挥着重要作用。在计算机技术的作用下，广播电视发射信息监控逐渐呈现出“精准化、智能化”的特点，和传统人工监测相比，更具优势，更加便捷，一旦广播电视发射监控系统运行中存在问题，便会及时做出报警提示，工作人员可以第一时间采取有效的措施加以解决，确保系统设备处于高效运行中。在新形势下，图像处理对计算机技术提出了更高的要求，可借助计算机技术，动态处理各类图片，对其进行必要的“个性化、加工”设计，图像“设计、定位”等技术日渐成熟，精准定位图像信号频率，确保图像信号发射、远程监控同步进行，可远程动态监控电视节目画面，确保输出的节目画面更加精准，提高传输图像信号准确率的同时，促使广播电视节目图像更具吸引力。

（二）音频信号发射监控方面的作用

在社会市场经济背景下，广播电视音频信号发射技术日渐成熟，但在计算机技术没有应用于广播电视发射监控之前，音频信号极易受到内外各种因素影响，出现“变频、消失”现象，导致发射的各类信号无法以原形方式呈现在观众面前，电视节目画面质量较低，大幅度降低了电视节目收视率。而在计算机技术作用下，广播电视发射方面存在的一系列核心技术问题得以有效解决，可全方位动态监控音频与图像信号，也就是说，在传输中，如果出现故障问题导致变频，计算机系统会第一时间做出警报提示，工作人员可以结合一系列警报数据信息，展开维修工作，科学调整信号，在提高传输信息数据效率的同时，提高各类电视节目质量。

二、广播电视发射监控中计算机技术的应用

（一）广播电视发射设备

当下，在广播电视发射监控方面，计算机技术的应用日渐普遍化，是促进广播电视行业进一步向前发展的关键所在。广播电视发射设备，是广播电视发射台运行中的关键技术设施，由多种元素组合而成，比如天线、馈线系统。在运行中，广播电视发射机会先将信号传输到对应的天线接收系统，在天线转化作用下，传输给不同类型的接收设备，这样才能呈现对应的画面与信息。在传输信号过程中，必须保证发射设备不出现故障，能够稳定传输，呈现画面的同时播放各类信息。其中计算机处于核心位置，动态监控各类设备，看其是否处于正常运行状态，在对比分析各类信息数据的基础上，及时做出预警提示，确保工作人员第一时间实时“检测、调整”画面。如果发射机出现较为复杂的故障，系统会自动侦测故障问题，实现倒机，可以在一定程度上降低损失。

（二）广播电视发射监控中计算机抗干扰技术的应用

在广播电视发射监控系统的构建中，计算机技术被广泛应用，数据库技术、多媒体技术也被应用其中，可以实时远程控制广播电视发射设备，可构建合理化的远程局域网，实现更长距离的监控，有效访问系统设备。因此，笔者以计算机抗干扰技术为例，探讨了其具体化应用。

在新形势下，相关人员可以借助计算机技术，避免广播电视在发射信号中受到干扰，确保传输的信息数据更加准确、完整。具体来说，广播电视发射监控极易受到相关干扰，空间电磁波、接电线干扰计算机设备信号，传输线缆内部数据干扰计算机系统，急需采取可行的措施加以解决。在计算机技术作用下，相关人员需要先将干扰信号波加入空间传播电磁波信号，优化利用以计算机为基点的信号处理部件，有效过滤来自各方面的干扰信号，可以巧妙利用屏蔽干扰成分形式，将出现的干扰波彻底消除，在满足各方面要求的情况下尽可能地减少接入的电线，避免干扰传输的一系列信号。在此过程中，相关人员必须确保各系统设备顺利接地，有效排除信号干扰，这是因为在高频电路中元件、布线的电容以及寄生电感极易导致接地线间出现耦合现象，要采用多点入地方法，综合分析各方面影响因素，坚持接地原则，采用适宜的接地方法，准确接地，避免出现高频干扰。对于低频电路来说，寄生电感并不会对接地线造成严重的影响，可采用一点接地方法，避免广播电视信号在发射中受到干扰。同时，在解决接地线信号干扰问题时，相关人员可以巧妙利用平衡法，优化利用平衡双绞线，确保信息数据可在传感器输入与输出端口中传输，结合各方面具体情况，以电路为基点，有效转换信号系统类型，尽可能地降低系统信息数据传输的差模数值，充分发挥处于平衡状态的双绞线多样化作用，防止传输的各类信号被干扰。

（三）广播电视发射监控中计算机技术的应用发展方向

1. 信号准确分类再进行监控

随着社会经济飞速发展，各类数据信息层出不穷，相互干扰。在接收到海量数据信息之后，计算机技术与设备会先对其进行合理化分类再进行动态化监控。在应用过程中，计算机系统在信号方面的敏感度特别高，如果广播电视在同一时间传输海量信号，计算机会逐一对其进行分类，并对其进行动态化控制，在一定程度上简化了监控操作流程，提高了监控整体效率。

2. 监控信号的同时有效检测外界信号

在新形势下，各类卫星频繁出现，比如商用卫星、电视卫星，也就是说，在传输广播电视节目信号时，极易受到不同信号干扰，降低电视节目信号质量。在广播电视节目播放之前，相关人员可以巧妙利用计算机技术，准确检测外界各类信号。工作人员可以及时根据这些信号的干扰强度，进行合理化判断，通过不同途径采取有效的措施加以解决，避免传输的一系列广播电视信号受到干扰。在传送电视节目信号之前，制订合理化的预防方案，避免传输的信号被干扰，提高传输信息数据的准确率，提高信号传输质量。

总而言之，在广播电视发射监控方面，计算机技术的应用至关重要，相关人员必须根据该地区广播电视发射监控具体情况，从不同角度入手优化利用计算机技术，避免信号在传输过程中受到干扰，动态监控设备系统，及时发现其存在的隐患问题，第一时间有效解决，提高系统设备多样化性能，使设备安全、稳定运行，为观众提供更多高质量的电视节目，满足他们各方面的客观要求，从而降低广播电视发射设备运营成本，提高其运营效益，促使新时期广播电视行业进一步向前发展，走上长远的发展道路，促进社会经济全面发展。

第八节　电子信息和计算机技术的应用

随着人类社会经济的快速发展，电子信息和计算机技术也日新月异，已经推动人类社会进入了信息时代，其在人类社会各行各业中都扮演着极其重要的作用，已经成为人类社会不可或缺的一部分。尤其是在近些年，增长速度非常快，规模也在不断地扩大，在航天航空、信息中心、无线通信、汽车等领域已经得到了广泛的应用。

一、电子信息和计算机技术概述

电子信息技术是建立在计算机技术基础之上的，二者相互依存和相互影响。电子信息和计算机技术主要研究自动化的控制，通过计算机网络技术进行维护，并且高效地采集数据信息，并传递和整合数据信息。通俗来讲，人类社会生产和生活中使用的有线和无线的设备、与网络及通信相关的设备都属于它们中的一部分。电子信息和计算机技术具有应用广泛、通信速度快和信息量大、发展迅速的特点。

二、电子信息和计算机技术的应用

（一）航空航天方面的应用

现代航空航天产业中，电子信息和计算机技术无处不在，并且在整个产业中不可替代。例如利用计算机和电子信息设备进行航空航天相关产品的设计，飞机在飞行过程中航线的安排和控制，卫星控制和数据采集，火箭和神舟飞船的发射及控制等等。

同时，现在利用三维图形生成技术、多传感交互技术以及高分辨显示技术，生成三维逼真的虚拟环境（虚拟现实技术），是电子信息和计算机技术在航空航天上的新兴应用。利用电子信息和计算机技术建立起的飞机驾驶模拟系统，驾驶学员可以戴上与系统匹配好的头盔、眼镜或者数据手套，或者利用更加直接的键盘和鼠标等输入设备，进入虚拟空间，进行“真实”的交互训练，并且系统能够模拟出各种飞行状况，更好更加全面地对飞行员进行培训，感知和操作虚拟世界中的各种对象，避免在现实中出现操作失误，发生严重安全事故。

（二）汽车方面的应用

随着人类经济的发展，汽车已经走进千家万户，对人类生活起着举足轻重的作用。随着电子信息和计算机技术的发展，在传统汽车领域的基础之上，出现的汽车信息电子技术化已经被公认为汽车技术发展进程中的一次革命。

当前汽车电子技术主要是利用电子信息和计算机数据采集、控制和管理的作用，向集中综合控制发展。如以下举例：

（1）汽车在行驶过程中的刹车和牵引力分配控制中采用的制动防抱死控制系统（ABS）、牵引力控制系统（TCS）和驱动防滑控制系统（ASR），不同的模块间是通过线路连接，采集相关数据，最后传输到小型计算机 CPU 进行计算，并产生反馈控制，大大地提升了车辆行驶过程中的协调性、平稳性和安全性。

（2）为了提高燃油效率，发动机上也会安装燃油控制系统，它能够按照设定的程序，精准地控制燃油量。

（3）电子信息和计算机技术在汽车中的新型应用：

①无人自动驾驶技术：通过计算机对各种路况信息进行采集，并处理反馈，达到无人驾驶的目的。目前自动驾驶汽车已经研发出来，并投入使用，如美国的特斯拉公司。我国比亚迪公司也在进行相关的研发，相信在不久的将来我们也会有无人驾驶汽车在道路上行驶。

②驾驶人员行驶状态检测技术：在汽车驾驶舱内安装一些传感器探头，可以随时随地捕捉驾驶员的状态和一些行为，并将相关信息传输到计算机 CPU 内进行分析判断，检测驾驶员是否有酒驾、疲劳驾驶的情况等，并可以自动发出提醒警报。

③智能识别技术：可以通过对车主的指纹、声音以及视网膜等信息进行采集，并输入数据库内，让车辆只能在车主这些信息下启动，能够提高车辆的防盗性能。

④车联网技术：将多台车辆的信息通过电子传感器连接到一台计算机上，通过计算机对这些车辆的信息进行统一的分配和处理。

电子信息和计算机技术与汽车制造技术的结合已成为必然的趋势，汽车产业会朝着智能化和信息化的方向不断发展，为人类提供更好更安全的体验。

（三）现代教育和教学方面的应用

之前的教育教学方式一般直接采用图表、模型、手口相传、进行实验等直观教学的手段，但是，在 21 世纪的今天，我们所处的环境是经济和知识高速发展的时代，以电子信息和计算机技术为核心的现代教育技术在教育领域中的应用，全面推进素质教育，已成为衡量教育现代化水平的一个重要标志。

电子信息和计算机技术在现代教育和教学上的应用包括：

（1）远程和网络教学：它是基于卫星通信技术，利用计算机为依托进行的一种教学方式。现在各高中和名校合作办学，可以共享名校的教育资源；同时，网络上兴起的微课学习和各种自学的教程，都是电子信息和计算机技术在教学手段上的体现。

（2）多媒体教学形式：它是基于计算机多媒体技术建立而成的，取代了传统的手口相传的方式，在课堂利用语言实验设备、电子计算机辅助教学系统可极大地实现教学过程的个性化，真正做到因材施教，加入了更多的图片、动画和音像资料，把学习由枯燥变得更加生动形象；由于具有多重的感官刺激、传输的信息量大而且速度快、使用方便和交互性强等优点，其在教育领域的发展势头已经成为如今的主流。

（3）翻转课堂：由于电子信息和计算机技术的不断发展，现在的老师和学生之间，已经可以从原来的老师主导教学转变为学生主导教学。借助各类学习 APP 和互联网上老师录入的学习视频，学生可以随时随地自主高效地学习，提高了学生的参与度，节约了教育资源。

（4）随着大数据时代的来临，各个学校图书馆也建立起了电子图书馆，资源丰富，能够方便学生查阅和阅读相关的书籍,对学生的学习效率和阅读效果都有非常大的帮助。

（四）人类社会生活方面

近十年来，各种基于电子信息和计算机技术而出现的各种新奇的发明创造和新技术对人类社会生活质量的提高起着极其重要的作用。

（1）智能手机、电脑和互联网的应用。现在人类社会已经进入了互联网时代，人们人手一部智能手机，家里也有电脑，再加上光纤信息技术和 WIFI 技术的普及，使人们在信息获取、存储和互换上更加方便和快捷，拉近了世界的距离。现在不单单是语音通话，人们可以随时随地与其他人进行视频沟通或者拍摄短片上传于网络上进行互动交流。

（2）网络购物和支付系统。电子信息和计算机技术开发出的网络购物，使得人们能够足不出户地买到想要的东西。特别是各类购物 APP 和平台的开发，满足了人们的购物需求。像微信、支付宝等支付方式的出现，使得人们出行更加便捷；同时，无纸币化的支付方式，也使人们的货币安全得到了更好的保障，人们出行也不用担心没有带够钱，切切实实地使人们生活的方式发生了翻天覆地的变化。

（3）VR 技术。其也能够给人们在购物、娱乐和游戏上提供全新的体验。VR 创建的虚拟环境，能够使人们“加入”这个世界，体验感更加强烈和真实。

三、电子信息和计算机技术发展新方向

人工智能是当前电子信息和计算机技术发展的新方向。人工智能（学科）是计算机科学中设计研究、设计和应用智能机器的一个分支。主要用机器来模拟和执行与人类智力相关的劳动，比如，最近击败各大围棋高手的 AlphaGo。其他，如像机器人管家、外科机器人医生、外太空探险等，会随着技术的不断进步而逐一实现。

电子信息和计算机技术渗透人类社会的方方面面，占着不可替代的地位，而我国在这方面的技术还不够成熟或者先进。但是，随着我国经济水平的不断提高，对电子信息和计算机技术的投入也会越来越大，不论在国防军事还是人们的生产生活中，对其需求也越来越高，我们应当将其作为增加我国综合国力和竞争实力的发展方面，也是满足人类社会进步的需要。

参考文献

[1] 侯希来 . 计算机发展趋势及其展望 [J]. 科技展望，2017，27（17）：14.

[2] 廉侃超 . 计算机发展对学生创新能力的影响探析 [J]. 现代计算机（专业版），2017（6）：50-53.

[3] 冯丽萍，张华 . 浅谈计算机技术发展与应用 [J]. 现代农业，2012（8）：104.

[4] 冯小坤，杨光，王晓峰 . 对可穿戴计算机的发展现状和存在问题的研究 [J]. 科技信息，2011（29）：90.

[5] 范慧琳 . 计算机应用技术基础 [M]. 北京：清华大学出版社，2006.

[6] 尤衍生 . 项目教学法在高职院校教学实践中存在的问题及解决思路 [J]. 求知导刊，2016（20）：141.

[7] 胡卜雯 . 高职院校公共英语语法教学中存在的问题及对策研究 [J]. 求知导刊，2016（36）：98.

[8] 岳旭耀 . 高职院校设备管理中存在的问题及改进措施 [J]. 科学中国人，2015（9）：101.

[9] 贺嘉杰 . 浅析计算机应用的发展现状和趋势探讨 [J]. 电脑迷，2017（2）：13.

[10] 王晓娟，等 . 粒子滤波算法（PF）在疲劳驾驶检测系统中的应用研究 [J]. 价值工程，2010（31）：20.

[11] 赵洪文 . 计算机应用的发展现状及趋势展望 [J]. 科技创新与应用，2018（2）：167-168.

[12] 喻涛 . 试论计算机应用的现状与计算机的发展趋势 [J]. 通信世界，2015（6）：63-64.

[13] 谢振德 . 计算机应用的现状与发展趋势浅谈 [J]. 电脑知识与技术，2016（27）：236-237 .

[14] 付海波 . 试论计算机应用的现状与计算机的发展趋势 [J]. 数码世界，2017（11）：175-176.

[15] 梁文宇 . 计算机应用的现状与计算机的发展趋势 [J]. 科技经济市场，2017（2）：188-190.

[16] 王晓娟，等 . 基于 MDA 软件建模方法的高校协同业务管理平台的研究 [J]. 电脑知识与技术，2015（2）：85-87.

[17] 刘青梅 . 计算机应用的现状与计算机的发展趋势 [J]. 电脑知识与技术，2016（25）：193-194.

[18] 李成 . 浅析计算机应用及未来发展 [J]. 通信世界，2018（9）：56-57.

[19] 胡乐 . 浅谈计算机应用的发展现状和发展趋势 [J]. 黑龙江科技信息，2015（2）：104.

[20] 王金嵩 . 浅谈计算机应用的发展现状和发展趋势 [J]. 科学与财富，2015（10）：106.

[21] 王晓 . 计算机应用的现状与计算机的发展趋势探讨 [J]. 科学与信息化，2018（31）：66-69.